元素的故事

[苏] 依·尼查叶夫 著
滕砥平 译

华中科技大学出版社
http://press.hust.edu.cn
中国·武汉

导读

《元素的故事》生动地讲述了一些著名化学家发现元素的真实感人故事。他们平凡而又伟大，因为他们多数都出自寒门，经过艰辛努力成长为彪炳千秋的科学家。

自文明社会以来，智者就从哲学角度思考万物构成问题。东方有“金木水火土”五行说，西方有“水火土气”四元素说，元素构成说逐渐成为共识。

元素有多少种？谁也不知道。早期化学家把发现新元素作为人生的乐趣，他们从不同路径进行探索。有的擅长实验，有的擅长理论思考，精彩纷呈。舍勒以火为能源，戴维以电为能源，拉瓦锡善于理论思考，门捷列夫从理论上预测，本生和居里夫人更新实验手段，捕捉新元素。

舍勒时代，化学还没有完善的理论体系，主要从实验中获得经验性知识。舍勒擅长实验，发现了多种元素和几十种化合物。但他保守有余，创新不足。虽然首次弄清了空气成分，并发现了氧元素，却未能揭示出燃烧本质。

对燃烧现象本质的解释，早期依据“燃素说”，把一切跟燃烧有关的化学变化归结为燃素的转移。根据燃素说，金属燃烧，放出燃素，变成金属灰；金属灰与木炭共热，金属灰吸收木炭放出的燃素，又变成金属。据此，金属煅烧放出燃素，重量理应减轻，但实际上燃烧后的金属重量是增加的。

信奉燃素说的化学家，认为燃素有负重量（受到地心排斥）。舍勒对此深信不疑，继续沿着错误的途径前进。恩格斯说他是真理碰到了鼻尖也没有发现真理的人。

拉瓦锡敢于对燃素说进行质疑。他认为，如果有燃素存在，就逃不出他的天平。

拉瓦锡虽然没有发现氧，却借助氧的发现，推翻了燃素说，建立了“燃烧氧化理论”，揭开了燃烧之谜，使混乱的化学思想空前统一。他认为：

①物质燃烧时放出光和热。

②物质只有在氧存在时才能燃烧。

③物质在空气中燃烧，吸收氧而增重，增加的重量等于吸收氧的重量。

拉瓦锡把定量方法引入化学实验研究，使化学研究发生了质的飞跃。别人用天平称量物质，拉瓦锡用天平概括出质量守恒定律：“人工或天然不能无中生有地创造任何东西，每一次操作前后的物质总量相等，而且质和量保持不变，只发生更换和变形，可以看成公理。”

门捷列夫在大学执教时，化学教科书中的知识是孤立的，杂乱无章，看不到任何联系，教师教得辛苦，学生学得吃力。他决心找出元素之间的内在规律性。经过多年不懈努力，论文《元素性质和原子量的关系》横空出世，揭示了科学之美。

在门捷列夫元素周期表中，63 种元素全在表中，并预留了四个空位。他预言必有对应的尚未被发现的元素存在。

他在一篇文章中写道：紧接锌后面，应该是具有原子量接近 68 的一种元素。这种元素在第Ⅲ族，位处铝下面，且将它称为“类铝”。它处在铝和铟之间位置，具有接近这两种元素的性质，该金属相对密度接近 6。这种金属性应该是从铝的性质向铟的性质过渡。这种金属比铝有更大的挥发性，可望在光谱研究中发现。

五年后，法国化学家布瓦斯博德朗用光谱分析锌矿时发现了一种新元素，命名为镓。门捷列夫获悉后，立即写信说：镓正是类铝，不过镓的相对密度不是 4.7，而是在 5.96~6.0 之间。看完来信，布瓦斯博德朗迷惑不解，镓是他发现的，异国他乡之人，怎么说镓的相对密度不准确？严谨的布瓦斯博德朗重新提纯镓，测得相对密度为 5.94。

门捷列夫预言的“类硅”在 1885 年由德国化学家温克勒所发现，命名为锗。当温克勒看到自己发现的锗与门捷列夫预言的类硅性质十分吻合时，惊叹道：再也没有什么比类硅的发现能够更雄辩地证明元素周期律的正确性了。

门捷列夫的《元素性质和原子量的关系》，就像但丁神曲。

“按原子量的大小排列起来的元素在性质上呈现明显的周

期性变化。”

“原子量的大小决定了元素特征。”

“应该预料到许多未知元素的发现。”

“知道了某些元素的同类元素以后，有时可以修正该元素的原子量。”

门捷列夫认为，化学不仅要描述物质性质的多样性，还要揭示物质性质的统一性。科学研究中，单纯积累事实是很不够的，关键是要对世界的和谐性有一个完整的认识，要善于把局部知识协调组织起来。

门捷列夫将丰富的感性材料去粗取精，去伪存真，由此及彼，由表及里，归纳出元素周期律，为化学发展树立了一座丰碑。

一百多年来，元素周期律指引着一代代化学研究者，在各个领域不断创新突破：农药元素、化肥元素、生命元素、材料元素、稀土元素、放射性元素、超导元素、光电元素、人造元素……元素化学从无序到有序，元素性质的渐变与突变，从金属到非金属，都自洽和谐。

理论思维有多么强大的生命力！若能勤于科学实验、善于理论思考，在读书时善于发现问题、提出问题、探索问题、解决问题，就有可能成为伟大的科学家。

化学家能用加热方法获得氧元素，却不能用加热方法获得钠、钾、钙、镁；能用电解方法获得钠、钾、钙、镁，却不能用电解方法获得铷、铯、氦、氖，只能通过光谱发现它们。这背后的原理是什么？

为什么宇宙中的元素是相同的？元素来自哪里？

为什么现代元素周期表中元素“身份证”的内容，用质子数多少替换了原子量大小？

人无完人。舍勒深信“燃素说”，发现了氧，却不能科学地运用氧。拉瓦锡堪称理论大师，却把燃烧局限于氧。现实是，燃烧可以有氧，也可以无氧，氧气只是众多助燃物质中的一种。锂、镁能在氮气中燃烧，氢气能在氯气中燃烧……

人类对自然界的认识犹如登山。当我们奋力攀登上一座高峰，极目远眺时，眼前蜿蜒连绵的群山并非孤立的，它和各个地域之间相互联系着。

胡列扬

2022年10月24日

（胡列扬，浙江省化学特级教师，出版有《生活花絮》《高中化学竞赛读本》等著作）

自序
宇宙万物的组成

我们脚下的地球和头上的太阳是由什么组成的？房屋、机器、植物以及我们自己的身体，又是由什么组成的？

朝四周望望，我们不难数出几十种，甚至几百种各不相同的物体来。

看看摊在面前的这本书，它约是用纸、硬纸板、白细布、印刷用的油墨和糨糊等制成的。放书的桌子，是用木料制成的，还要把油漆涂在木料上，用粘胶把木料黏合在一起。屋角上，可以看见暖气管子，那是生铁铸成的。墙上可以看见白粉，白粉下面是抹砖缝的水泥浆和砖。回到自己的房间里，又可以从窗上和灯上找到不同的玻璃，从电线上找到铜和橡胶，从灯泡的灯座上找到瓷，从笔头上找到钢，此外还可以找到墨水及各种色彩的颜料，等等。

你上街，会有种种新物体出现在你眼前。到了工厂车间里，你又会遇到另外一些新物体。森林里、山顶上、海底下——你随处可以发现一些东西，和以前见过的全不相同。

物体各不相同，有活的，有死的，如果要计算一下究竟有多少种，即使不用千万作单位，也得用百万作单位。单是宝石一项，地球上就有几百种；矿石和树木，有几千种；天然和人造颜料，有几万种。

而这些不计其数的物体，它们的性质又是多么不同啊！一种是不可想象的硬，另一种却经不住婴儿的小手一压。一种香甜可口，另一种却辣人舌头。物体有透明的、放光的、磨砂的，有泥灰色的、雪白的。有些物体不会冻结，到-250℃还是液体；又有些物体不会熔化，送进火光耀眼的电弧里，还能保持原来的硬度。有些物体，无论是热，是冷，是潮湿，是浓酸，都不能对它们发生作用；又有些物体，只要用掌心挨上一挨，掌上的热就足够使它们起火、爆响，化为碎屑而飞散。

自然界中的一切都在永恒的运动中。每一寸土地上的物质都在不断地发生千万种变化。一批物体消失了，就有另外一批出来代替它们。

从表面上看，这无数物体无穷尽的变化，似乎进行得没有一点秩序。这里好像只是一片混乱，实际却不是这样。

人们早就猜度到自然界虽然外表上是形形色色、多种多样的，内里却是统一的、单纯的。现在已经证实，一切物体都含有一些相同的、最简单的组成部分，这种组成部分就叫作元素。

元素的数目其实一点也不算多，但它们可以有不计其数的互相结合的方式。地球上的物体名目之所以那么繁多，原因就在这里。

在声音的世界里也可以看到大略相似的情形。用 30 个左右的俄语字母所发的音就能拼出一国语言中所有的文字。把数目相同的一套乐音配合起来，就能组成数千种曲调——从颂歌到送殡曲，从简单的儿歌到极复杂的交响乐。

元素的发现都不是一朝一夕的。其中有许多种，古人已经知道，可还是过了好几个世纪，人们才认清它们的确是元素，不是复合物质。相反，有些复合物质却很长时间被人误认为是元素，因为早先化学家们不知道它们是可以分解的。还有一些元素，人们很少遇到或人眼极难看见，结果，费了极大的力气才把它们找到。

科学家在寻找元素这个课题上曾经花费了几百年的时间，为此付出了许多的劳动，也出现了许多聪明而又有发明才干的人物。本书就用说故事的方式，给大家讲讲元素的一些最重要的发现。

CONTENTS ———— 目录

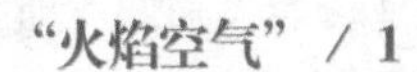

“火焰空气” / 1

· 药店里的学徒——卡尔 · 舍勒 / 1
· 火为什么会灭 / 4
· “死空气”和“活空气” / 7
· 不可捉摸的燃素 / 13
· 拉瓦锡和他的盟友 / 16
· 元素名单的刷新 / 22

化学和电相结合 / 25

· 伏打柱 / 25
· 汉夫里 · 戴维的童年和少年时代 / 27
· 在阿柏马里街的学院中 / 31
· 苛性钾和苛性钠 / 36
· 淡紫色火焰的秘密 / 38
· 出色的实验 / 42
· 入水不沉没，冰上能着火的金属 / 47
· 突击的 6 周 / 51
· 意外的中断 / 55
· 钙、镁及其他元素 / 58
· 戴维“爵士” / 62

蓝色的和红色的物质 / **65**

· 57 种，多一种也没有了 / 65
· 本生和基尔霍夫 / 69
· 火焰的颜色 / 73
· 节日的焰火和俄罗斯科学之父 / 76
· 牛顿为什么玩太阳影儿？ / 80
· 夫琅和费线 / 84
· 光谱分析术 / 87
· 白昼点灯，大找特找 / 92
· 日光和石灰光 / 96
· 太阳的化学 / 100
· 铯和铷 / 103
· 又是“烈性”金属 / 108
· 几句插话 / 109
· 太阳元素 / 111

门捷列夫的周期律 / **114**

· 化学的迷宫 / 114
· 原子量 / 118
· 元素在队伍里 / 121
· 是化学还是相术 / 124
· 预言陆续应验了 / 128
· “空白点”结束了 / 132
· 在沙皇和资本家的压制下 / 134

惰性气体 / 137

· 1/1000 克 / 137
· 重氮和轻氮 / 140
· “去翻翻旧档案吧” / 142
· 卡文迪什的实验 / 143
· 空气的组成 / 145
· 元素中的隐士 / 147
· 一种从矿物中来的气体 / 149
· 地球上的氦 / 153
· 新发现 / 155
· 元素还能分解吗 / 155

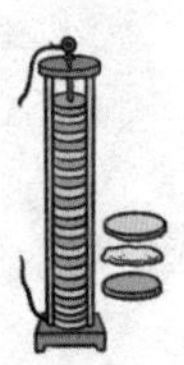

不可见的光线 / 160

· 伦琴的发现 / 160
· 值得庆幸的错误 / 163
· 当乌云遮蔽了日光的时候 / 166
· 完全因为铀 / 168
· 又是一个闷葫芦 / 170
· 斯可罗多夫斯卡的头几场实验 / 173
· 钋和镭 / 177
· 稻草堆里寻找绣花针 / 180
· 科学上的革命 / 182

尾声 / 186

第一章 •••

"火焰空气"

药店里的学徒——卡尔·舍勒

18 世纪的后半期，瑞典出了个十分勤奋的青年药剂师，名叫卡尔·舍勒。一开始他是当学徒，后来升为实验员，但他的东家们没有哪一天不为他的格外勤奋所感动。

卡尔·舍勒

舍勒的职务是配制丸药、水药和膏药，但他所做的工作却远远超过了东家们对他提出的要求。每天他配完了药，总要找个没人的角落，或就着窗台坐下来，进行捣碎、蒸发和蒸馏种种化学物质的工作。他日夜不离实验室。他又细心又耐心地研究古老的化学书籍，而那些书连有经验的药剂师都认为是很难读懂的。若不是他的实验有时会以意外的爆炸结束的话，老板对于这位伙计就更为喜爱了。

他手上不断出现被碱或酸烧伤的黑印。一呼吸到实验室中浓烈的气味，他心里就痛快，连燃烧硫黄所生成的刺鼻的浓烟或硝酸挥发出的令人窒息的蒸气，他都不觉得讨厌。

有一次，舍勒预备了一种有苦杏仁味儿的化合物。他闻了闻它的蒸气，想判明到底是什么气味。后来他又试着辨别它的滋味，口里却觉出一股极辣的味道。像这样的实验，现在恐怕没有一个爱惜性命的人肯冒险重做了。因为那苦杏仁味儿的化合物，现在叫作氢氰酸，是一种出名的剧烈毒质。还好，舍勒只咽下了极小极小的一点。

当时舍勒是不知道他所发现的这种酸的毒性有多么强烈。可是，即使他猜到了这一点，可能还是忍不住要尝一尝。对他来说，世间最大的快乐，莫过于发现了世人从没见过的新物质和已知物质的新性质。所以他总要用各种方法来试验，每一次还总要坐立不安地等候试验的结果。

有一次，他写信给朋友说："一个研究工作者找到了他所想找的东西，那时候他是多么幸福啊！他的心情又该是多么愉快啊！"

舍勒曾经得到过许多次这样的幸福，可是一般说来，那都是他一个人埋头苦干得来的。他没有进过中学和大学，也没有求人帮助过。一切都是他自己学习的，连所用的简单仪器，也都是他自己用药罐、玻璃的曲颈甑及牛尿泡做成的。

他14岁那年被送到名为包赫的药剂师开设的药店当学徒。19年后，瑞典科学院选他当院士的时候，他还是外省一家药店的普通实验员，仍旧同少年时代一样，要把微薄的薪水，大部分花费在书籍和化学试剂上。

舍勒天生是个化学家。同现在的化学家一样，他一心总想知道世界万物是由什么组成的。

他想知道人们周围的物质是由哪些最简单的成分或元素组成的。同时由于多年的经验，他又相信，如果不懂得火焰的真正性质，就不可能研究上述问题，因为能够不用火、不加热而进行的化学实验是极少的。

于是，舍勒开始研究火焰的性质了，可是很快又不得不对空气在燃烧中所起的作用这个问题用心思考起来。他阅读古代化学家所著的书籍，也曾读到过一点关于这个问题的文章。

还在舍勒以前约100年，英国人波义耳等人曾经证明蜡烛、煤炭等能够燃烧的物体，都只能在空气充足的地方燃烧。

举例来说，如果给燃烧着的蜡烛罩上一个玻璃罩，那它燃烧一小会儿就要熄灭了；如果把罩内的空气完全抽掉，蜡烛就立刻熄灭。反过来，如果依照铁匠使用风箱的办法，向火焰里送进大量的空气，火焰就会烧得更明亮、更剧烈。

然而为什么会这样，燃烧的物体为什么需要空气呢？那时候的人谁也不能解释其原因。

舍勒为了弄清楚这个问题，就把各种不同的化学物质放在密闭的容器里，进行实验。

舍勒想：“一个密闭的容器，里面所含的空气在分量上是严格一定的，而外面的东西又绝不能钻进去。假如空气在燃烧等化学反应中会发生什么变化，那么，在密闭的容器里，这种变化就很容易查出来。”

那时候，人们都认为空气是元素——是任何力量也不能使它分解为简单成分的单质。舍勒开始也是这样想，可是他很快就放弃了这种想法。

火为什么会灭

一天夜里，舍勒坐在乌普萨拉城中一家药店的实验室里，安排实验。

药店里是死一般的寂静。店门早已在最后一位顾客离店时关好了，东家也早已回屋睡下了，只剩下舍勒一个人兴致勃勃地守着自己那些烧瓶和曲颈甑。

他从橱柜里拿出了一只盛满了水的大罐子，有一块像蜡一样的黄色东西沉在罐底。在半明半暗中，水和蜡状物正在发着一种神秘的淡绿色的光。

那蜡状物就是磷。磷这种物质，化学家们永远要把它保存在水里。因为在空气中，它很快就发生变化，而完全失去平时的性能。

舍勒拿一把刀插进罐里试了试，却不把蜡状物捞出罐外，只在水中把磷切下一小块来。他把这一小块弄出来，扔进空烧瓶里，塞上瓶塞，然后把烧瓶送到一支燃烧着的蜡烛跟前去。

烛焰的边沿刚刚触到烧瓶，瓶里的磷立刻熔化，沿着瓶底摊成一片。又过了一秒钟，磷爆发出一阵明亮的火焰，烧瓶里立刻浓雾弥漫，没多久，这浓雾就沉积在瓶壁上，像层白霜。

这里的全部过程只消一眨眼的工夫就能完成了。磷立刻烧尽，变出干的磷酸[1]来。

这个实验很能使人产生深刻的印象，可是舍勒似乎无动于衷。因为使磷着火，观察它怎样变成酸，这对他来说已经不是第一次了。现在他感兴趣的，不是磷本身，而是截然不同的另一件事：他只想知道烧瓶中的空气在磷燃烧时起了什么变化。

烧瓶刚凉，舍勒立刻将瓶颈朝下，将其没入一盆水中，然后拔去瓶塞。这时候，却发生了一件奇事：盆里的水从下而上涌进瓶中，填充了烧瓶体积的1/5。

“又来了！”舍勒喃喃地说，“又有1/5的空气不知去向了，留下来的空位，由涌进来的水把它填满……”

怪事！舍勒无论把什么东西放在密闭的容器里燃烧，总会看见相同的有趣现象，即容器内的空气会在燃烧中少掉1/5。而现在发生的也是这样：磷烧完了，磷酸全部留在烧瓶里，而空气却溜掉了一部分。

舍勒的实验

烧瓶不是用塞子塞严的吗？瓶里的空气怎么能够溜掉呢？

就在磷燃尽的烧瓶缓缓冷却的时候，舍勒已经安排好了另一场实验。他这次决定在密闭的容器中烧另一种易燃物质——

[1]　现在我们把这种物质叫作磷酸酐（五氧化二磷），它的水溶液，才叫磷酸。但在舍勒那个时代，这两种物质都叫磷酸。

金属溶解在酸中时产生的一种易燃的气体。

这种易燃气体，只消几分钟就制好了。舍勒把一些铁屑塞进一个小瓶里，然后往铁屑上滴了些稀硫酸溶液。他事先在一个软木塞上钻通了一个孔，并且通过这个孔插上了根长长的玻璃管。现在他就把这个带玻璃管的塞子塞在瓶口上。这时候，瓶里的铁屑已经开始嗞嗞地响，酸也开始沸腾，冒出一串串的气泡来。

舍勒把一支蜡烛拿到玻璃管上端附近时，冲出管来的气体立刻着火，形成一个极其尖细的苍白色火舌[1]。

接着，舍勒把小瓶放进一只水很深的玻璃缸里，又把一只空烧瓶底朝天地罩在火焰上面。烧瓶的口被他直接插进水里，这就使瓶外的空气绝对无法进入瓶中，而那气体就在密闭的空间里燃烧。

烧瓶刚一罩到火焰上，玻璃缸里的水就立刻自下而上往瓶里涌。

上面的气体燃烧着，下面的水不断地向上升。

水越升越高，那气体燃烧所产生的火焰也越来越暗。最后，火焰完全熄灭了。

这时候，舍勒发现涌入瓶中的水只占烧瓶体积的1/5左右。

“那好，”他想，“假定由于我不知道的某种原因，空气

[1] 读者若想亲手做这个实验，务必小心，因为这里可能发生爆炸。你们在点燃气体以前，必须等几分钟，等气体充满了整根玻璃管再点燃。这个实验建议在老师指导下进行，以免发生意外。

应该是在燃烧过程中消失了吧。可是，这时候消失的为什么只是一部分空气，而不是全部空气呢？那种气体现在不是还够燃烧好久吗？铁屑还在嗞嗞地响，小瓶里的酸还在沸腾。现在我要是拿掉烧瓶，在开阔的地方，把那气体点着，它当然又会开始燃烧。那么，在烧瓶里面，它为什么就要熄灭呢？烧瓶里不是还剩下 4/5 的空气吗？”

最近几天，舍勒常常有一种模糊的疑念，不断在他脑海里闪现：

“这不就是说，瓶里剩下的空气和那在燃烧中从瓶里消失的空气，完全不同吗？”

舍勒准备立刻进行几种新实验，把自己的想法彻底检验一下。可是看了看钟，只得叹口气，停止工作。原来这时已是深夜，明天一早，他还得坐在这里配药呢。

舍勒恋恋不舍地吹熄蜡烛，离开了实验室。但空气有两种，彼此不同，这个想法，再也不肯离开他的脑海。不过想着想着，他也就睡着了。

“死空气”和“活空气”

第二天，刚刚配完药，舍勒就满怀热情地检验起自己的新想法来。

他翻阅了自己开始研究火焰和燃烧以来在实验簿上写下的

所有记录，又重做了其中几种实验。随后，他就对烧瓶中任何一种物质燃烧后所剩下的空气专心地研究起来。

这种空气似乎是死的，完全无用的。

无论什么东西，也不愿意在这种空气里燃烧。蜡烛会灭，好像有个隐身人把它吹灭了似的；烧红的炭会冷却，燃着的细劈柴会立即熄掉，好像叫水浇了一样；甚至易于燃烧的磷，到了这种空气里也不肯着火。有几只老鼠，被舍勒关进充满了这种死空气的罐里，立刻窒息而死。然而这种死空气也透明、无臭、无味，和普通空气一样。

现在舍勒可完全明白了。原来从四面八方围绕着我们的普通空气绝对不是什么元素，不像人们自古以来所想象的那样。空气不是单质，而是由两种截然不同的成分混合而成的东西。两种成分里面，有一种能助燃，但在燃烧中会不知去向；另一种比较多，却对火不起作用，往往在易燃物质燃烧以后毫无损失地保留下来，假如空气里只含有它这一种东西的话，世界上无论什么时候，也不会出现一个小火花了！

使舍勒更感兴趣的，当然不是空气中那“死”的部分，而是它那“活”的部分——会在燃烧中不知去向的部分。

他想：“难道不能设法得到不掺‘无用空气’的纯净的这部分空气吗？”

他知道这是有办法得到的。

他想起曾经不止一次地观察到坩埚里要是有制黑火药的原料——硝石在熔化着，那么，烟炱的细末飞过坩埚上空时，就会出人意料地突然着火。

现在他就自问，这些细末为什么处于沸腾的硝石上方时，那么容易着火，是不是因为从硝石里冒出的气体，正是空气中能够助燃的那一部分呢？

于是舍勒在这一时期里，放下了一切别的实验而专心研究硝石。他熔化硝石，把硝石跟浓硫酸一起，放在火上蒸馏，后来又不用硫酸，单独对硝石进行蒸馏，把硝石跟硫放在一起捣碎，又跟炭一起捣碎。药店东家一面提心吊胆地斜着眼睛看他忙碌，一面思忖：“这小伙子不会在哪一天使我这间铺面，同他一道飞入空中吧？从硝石到火药本来就隔不多远呐！”

可是事态的发展完全出乎东家的意料之外。

有一次，药店东家正在向一位好挑剔的顾客夸说自己店里的芥子膏质量如何如何好，舍勒却从实验室冲出来，摇着一只空瓶子喊道：

“火焰空气！火焰空气！”

“天哪！出了什么事啦？”东家也喊起来。

东家知道舍勒平日一向很冷静，现在这样激动，一定是出了什么祸事了。

“火焰空气，”舍勒拍着空瓶又说了一遍，“走吧，去看看这件地地道道的怪事。”

他把惊奇的东家和顾客一道拉进了实验室，拿把勺子从炉子里舀出了几块快要熄灭的煤炭，然后移开手中的瓶盖，把炭扔了进去。

那几块炭立即一齐迸发出强烈的白色火焰来。

“火焰空气！”舍勒洋洋得意地解释说。

东家和顾客都不作声，莫名其妙地看着。舍勒找来了一根细劈柴，点着以后，立刻吹熄，然后把它塞进另一只盛着“火焰空气”的瓶子里。

这一次，那几乎已经熄灭了的火，又明晃晃地燃烧起来。

“这是什么魔术啊？”大惑不解的顾客含含糊糊地说着，几乎不相信自己的眼睛，“瓶里不是空的吗？”

舍勒想了想，解释道：“瓶里有气体，有‘火焰空气’，是蒸馏硝石得来的。在我们周围的普通空气中，这种气体只占1/5 的体积。”

顾客眨眨眼睛，一点也不懂。东家庄重地说：

“原谅我，舍勒，你好像在完全瞎扯。谁相信空气里除了空气本身以外，还有什么别的呢？难道我们谁还不知道空气到处都是一样的吗？不过，你用细劈柴做的实验很好玩，能再做一次看看吗？”舍勒毫无困难地又一次让将灭的细劈柴突然发出强烈的火光，可这还是不能使东家相信他的解释。人们习惯了把空气认作单一而不变的四大元素[1]之一，要想一下子叫他们改变观念是困难的。

说实在的，舍勒查出空气是由“无用空气”和“火焰空气”两种截然不同的气体组成的，连他自己也觉得奇怪呢。

---

[1] 古希腊哲学家们认为世界上共有火、水、气、土四大元素。——编者注

其实对这件事大可不必怀疑了。舍勒现在已经亲手用1份“硝石气”和4份“无用空气”，人工地配成了普通的空气。在这样配制成的空气里，蜡烛只是不太耀眼地燃烧着，老鼠也平静地呼吸着，就像待在围绕我们的空气里一样。做完了这些实验，就不会怀疑空气是由两部分所组成的了。

舍勒很快就找到了制备纯“火焰空气”的最简单方法——对硝石加热。

他把干硝石放进一个玻璃曲颈甑，然后把曲颈甑放在火炉上面烧。硝石开始熔化了，他就在曲颈甑颈上缚上一个挤得很干的空的牛尿泡。牛尿泡一点一点胀大——从曲颈甑里冒出的“火焰空气”在慢慢地填满它。接着，舍勒就用熟练的手法把牛尿泡里的气体移入玻璃缸、玻璃杯、烧瓶等容器内，以备需要时使用。

舍勒又找到了几种别的方法来制备“火焰空气”，例如用水银的红色氧化物来做原料。不过还是硝石法比较经济，所以舍勒在实验中，多半还是采用这个方法。

这个新发现把他完全吸引住了。在这段时间，舍勒最大的快乐就是观察各种物质在纯“火焰空气”中怎样燃烧。各种物质在这种气体里，燃烧得很快，所放出的光，也比在普通空气里明亮得多。而容器里的“火焰空气”本身会在燃烧中全部消失，一点也不剩下。

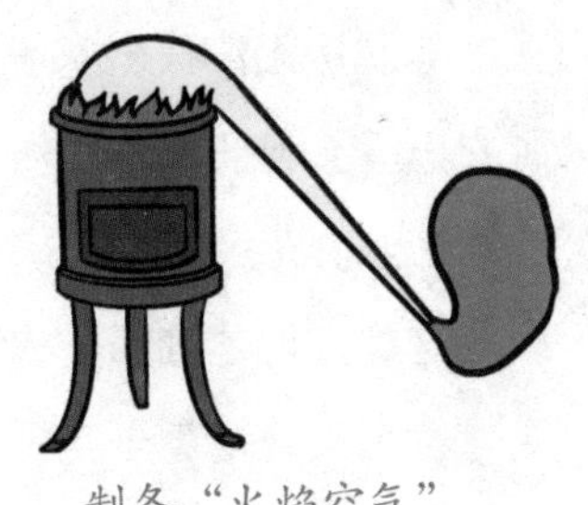

制备“火焰空气”

这种情形，当舍勒把磷放在盛满了“火焰空气”的密闭的烧瓶中燃烧时，看得特别清楚。这时爆发的火焰，简直亮得刺目。后来烧瓶冷却了，舍勒拿起它，打算把它放进水里，却听见一声霹雳，震得他耳朵都要聋了，手里的烧瓶同时也被炸成碎片，四面纷飞。

幸好他没有受伤，同时还能保持镇静，立刻看出爆炸的真正原因是全部“火焰空气”都在燃烧中离开了烧瓶，使瓶里出现真空，因此，烧瓶才被外面的大气压力所压碎，像空胡桃壳被铁钳夹碎了一般。

舍勒第二次做这个实验，就更加小心了，他选了一只结实的烧瓶来盛磷，瓶壁很厚，完全经得住大气的压力。

到磷烧尽，瓶已冷却的时候，舍勒把瓶口浸入水中，为的是观察瓶内的“火焰空气”还剩下多少。但瓶塞怎样也拔不出来了。很明显，瓶里已经成了真空，因此，空气就发挥惊人的力量，把瓶塞压在瓶颈内，压得非常紧，好像有人用铁钳钳住了它似的。

他既然无法拔出塞子，就决定把它往瓶里推，这却立刻办到了。塞子刚被推入瓶内，盆里的水就自下而上涌入瓶中，把整个瓶子填满。

这样，他才确信“火焰空气”会在燃烧中完全消失。

舍勒又曾把鼻子凑到牛尿泡口上，吸进了些纯“火焰空气”试试。可是没有什么特别的感觉，只觉得是在和平常一样呼吸着。其实在“火焰空气”中呼吸，当然比在普通空气中更轻松。

我们今天把它拿来给危重病人及将死的人吸入，就是这个道理。不过这种空气，现在不叫“火焰空气”了，它的名称是氧。

不可捉摸的燃素

舍勒想猜破火的哑谜，不料却发现了空气不是元素，而是两种气体的混合物。这两种气体，他给取名叫“火焰空气”和“无用空气”。

这是舍勒最重要的一项发现。

可是他达到了自己的主要目的了吗？查出火的真正性质了吗？明白燃烧是怎么回事，燃烧时会发生些什么变化了吗？

他觉得自己完全明白了，其实，火的秘密，对他仍旧是个秘密。这得说完全是燃素学说的罪过。

原来那时候，在化学家中间流传着一种学说，据说一种物质只在它含有许多特殊的易燃物质——燃素时，才能燃烧。

至于燃素是什么东西，谁也说不清楚。有人想，燃素很像气体；又有人说，燃素看不见，也不能单独地弄到手，因为它不能独立存在，永远得和别种物质结合在一起。

的确，有几位科学家曾一度宣称已经把纯净的燃素分析出来了，可是后来心中起了疑惑，又宣布说：“对不起，我们原先认为是纯燃素的那种东西，竟完全不是燃素。”

人们不知道燃素是否和其他物体一样有质量，或者没有质量。燃素好像是一种不可捉摸的、没有形体的幽灵。但那时候所有的化学家都深信它是存在的。

这种奇怪的信念是怎样发生的呢?

无论什么人观察火焰，首先都会看见燃烧的物体毁坏了，消失了。好像有什么东西离开了燃烧物，同火焰一起跑了，剩下的只是一堆灰烬、皮屑或酸[1]。燃烧好像会把某种幽灵似的、不可捉摸的火“精”从物质里面赶出去,因而也就消灭了那物质。

因此，人们才断定燃烧就是把复杂的燃烧物质分解成特殊的火的元素（燃素）和别的成分。

那时候的化学家们到处追寻着神秘的燃素的踪迹。

煤燃烧时，化学家说：“煤中的燃素，全都跑到空气里去了，只剩下了些灰。”

磷爆发出明亮的火焰而变成干的磷酸了，他们的解释是：磷被分解成了它的组成部分——燃素和磷酸。

甚至金属因烧红或受潮而生锈了，化学家也说是燃素在作怪：“燃素跑了，所以发亮的金属不见了，只剩下些锈或金属屑。”

18 世纪的科学家利用燃素说，把许多种似乎无法解释的自然现象和工业技术现象，解释得并不坏。燃素说既然在很长的一段时期里帮助过化学家从事研究，所以化学家也就深信这学说是正确的。

---

[1] 现在我们把这类燃烧的生成物叫酸酐。

舍勒也是这个学说的拥护者，他在自己的无数次实验里，每回总要尽量思考燃素发生了怎样的变化。

舍勒一发现“火焰空气”，就断定说：

“这种空气显然对燃素有极大的爱好。它时刻准备着夺取任何一种易燃物中的燃素。那些物质都那么乐意而且迅速地在这种空气里燃烧，就是这个道理。”

而“无用空气”呢？舍勒说，它却不喜欢和燃素结合，因此无论什么火，到这种空气里都要熄掉。

这样讲是相当近乎情理的，但仍然留下了很大的哑谜，完全无法解释。

你可以回忆，舍勒看见燃烧的“火焰空气”会从密闭的容器中消失，曾经十分诧异。不管是不是同燃素一起，反正“火焰空气”总一定要消失得不知去向。

那它到底逃到哪里去了呢？它是怎样从密闭的容器里逃走的呢？

舍勒在这个哑谜上，绞尽了脑汁，终于想出了一种解释。他认为：一种物体燃烧时，从它里面析出的燃素会和“火焰空气”化合，而这种看不见的化合物是这样容易挥发，简直可以悄悄地渗透玻璃，像水渗过筛子一样。就像童话中的幽灵能够随便穿过石壁和紧闭的门户……

你看，过分相信燃素的结果，使舍勒产生了多么荒诞的想法。

其实只要舍勒肯在烧瓶内部仔细地找一找，他一定会在那

里找到“火焰空气”的去向，但这首先需要他放弃燃素学说。而这件事，舍勒虽然很有才干，但还是没有办到。

燃素学说是由 18 世纪的另一位伟大化学家、法国人拉瓦锡彻底推翻的。

燃素学说一垮台，“火焰空气”的神秘失踪，以及许多别的不可解释的现象，就立刻失去了全部的神秘性。

拉瓦锡和他的盟友[1]

“火焰空气”是由三位科学家差不多同时发现的。

舍勒发现得最早。一两年以后，对舍勒的工作毫无所知的英国人普里斯特利也查出了“火焰空气”。又过了几个月，拉瓦锡从普里斯特利那儿听说有种气体，蜡烛在里面会燃烧得很亮。结果他就根据这点模糊的暗示，也独立地发现了空气的复

[1] 拉瓦锡并不是在独自战斗，他得到了这篇故事里提到的杰出的盟友——天平的帮助。俄罗斯的著名学者米·瓦·罗蒙诺索夫早在拉瓦锡以前 15 年，就曾比较过一只盛了金属的焊严了的曲颈甑在放进火里去烧以前和以后的质量。他在 1756 年曾经写过一条笔记：“我曾用焊得极严的容器做了几次实验，来考察金属会不会由于纯粹加热而增加质量。”接着又用短短的两行说明实验的结果：“我由这些实验查出……如果不放外面的空气进去，金属经过火烧以后，质量不变。”

这样，罗蒙诺索夫就对当时化学家们所同意的燃素学说狠狠地给了当头一棒。这还不算，根据自己的实验，他又得出了另外一条结论：“自然界中的一切变化都是这样的情况，从一物体取出的东西，全部都要加到另一物体里去，其结果，如果一处减少了些物质，别处就会有所增加。”这位伟大的学者又用这几句话说出了一条重要的化学定律——物质不灭定律。

杂组成。

可是三人中只有拉瓦锡一人，对“火焰空气”在自然界的真正功能做出了正确的估计。

原来拉瓦锡有个杰出的盟友，在工作中出力帮助了他。

舍勒和普里斯特利也有这样的盟友，不过他们既不经常请教它，也不重视它的劝告。

拉瓦锡的主要盟友就是——天平。

在着手进行实验以前，拉瓦锡总要把那些就要进入化学变化的物质，全部用天平仔细称称，实验终了时，再称一称。

拉瓦锡

他常常一面称，一面想道：

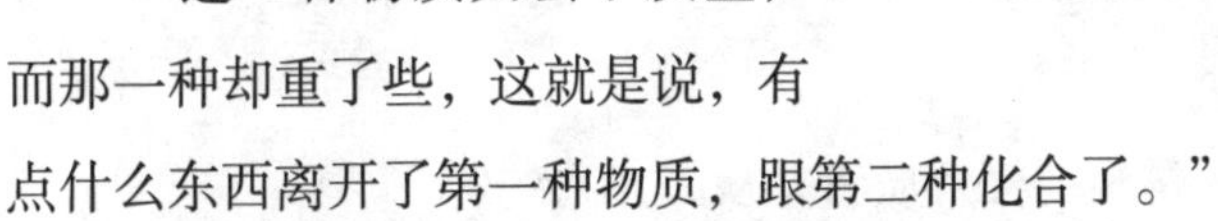

“这一种物质失去了质量，而那一种却重了些，这就是说，有点什么东西离开了第一种物质，跟第二种化合了。”

天平使拉瓦锡明白了燃烧的真正性质。

天平告诉他，“火焰空气”（拉瓦锡叫它“活空气”）在燃烧中跑到哪儿去了。

天平又告诉他哪些物质是复合的，哪些是简单的。此外，还有许多事情，拉瓦锡都在天平的帮助下弄明白了。

像舍勒一样，拉瓦锡也曾尝试在密闭的烧瓶里燃烧磷，但那 1/5 的空气在燃烧中消失到哪儿去呢？拉瓦锡在猜测这个哑谜时，没有迷失方向，因为天平在这里给了他十分精确的

答案。

拉瓦锡在把磷块放进烧瓶燃烧以前，曾经把磷块称过一次。磷烧完了，他又把烧瓶里剩下的全部干的磷酸称了一次。

你想想，哪一个分量应该更重些：是磷呢，还是燃烧后留下的由磷而来的物质？

舍勒和当时所有的化学家不看天平，异口同声地说：

“当然，磷应该比燃烧以后的磷酸重，因为磷在燃烧中被毁灭了，它失掉了燃素。退一步说，就算燃素毫无质量吧，磷酸也应该和产生它的磷一般重。”

可是事实不是这样。

天平宣布燃烧后沉积在瓶壁上的白霜比燃烧前的磷更重。

这真是件不可思议的事：磷失掉了燃素却变重了。这等于说：水壶里的水流掉了，壶倒重了。谁要相信这，岂不荒谬绝伦？

那么，磷酸的额外质量是从哪儿来的呢？

“从空气来的！”拉瓦锡回答，“大家认为烧瓶里失踪了的那部分空气，其实并没有逃出瓶外，它只是在燃烧中和磷化合了。磷酸[1]就是这两种物质化合的产物。”

看，“火焰空气”的神秘失踪就这样毫不费事地解释明白了！一个哑谜猜破了，另外的哑谜也就不成问题。

拉瓦锡明白磷的燃烧并不是例外。他的实验指出，每次一

---

[1] 现在我们把这种物质叫磷酸酐。

种物体燃烧时，或一种金属生锈时，都有同样的变化在发生。

他做过这样一种实验：

把一块锡放在容器里，然后把容器封严，不让外面任何东西钻进去。接着拿一面大型的放大镜，让炽热的太阳光透过放大镜直射到锡块上。锡受到热，开始熔化，后来渐渐生锈，也就变成了灰白色的酥松的粉末。

容器里的锡和空气，拉瓦锡早已全部称过。一切完毕以后，他把剩下的空气和锡末又称了一次。

怎么样呢？锡末增加的质量恰恰等于空气失去的质量。

外面任何物质不能跑进那盛锡的容器，只有日光能进去。可见容器里，除了空气和锡以外，什么也没有。然而锡变成粉末以后却变重了。

做了这个实验之后，还能否认那灰白色的锡灰，是锡跟空气的一种成分——“火焰空气”或“活空气”的化合物吗？

拉瓦锡又在装满了“活空气”的密闭容器里，燃烧了些最纯净的木炭。木炭烧完了，容器里好像没剩下什么，只剩了极少的、少到刚能被察觉的一撮灰。可是天平是另外一种说法。它指出容器里的空气变重了，而且这加重的分量恰和烧掉的木炭的分量相等。可见炭在燃烧中并不是消失得无影无踪了，而是同“活空气”一道生成了一种新物质。这是一种分量较重的气体，拉瓦锡叫它碳酸或碳酸气。

当拉瓦锡详细讲述自己所做的实验，并把自己的想法向大家公开时，一开始，几乎所有的化学家都抨击他。

“什么？”他们说，“你认为物体燃烧或金属生锈时，它们并没有被毁灭，成分没有被分解，相反，却还与‘活空气’自行结合了？”

“一点也不错！我的看法正是这样。”

“不对，不对！”他们说，“照你的看法，燃素在燃烧中就没有作用了，那怎么成？”

“我不知道什么燃素，”拉瓦锡回答，“我从来没有见过它。我的天平从来没告诉过我燃素的存在。我拿了纯净的易燃物，例如磷或纯金属，例如锡，放在密闭的容器里燃烧。在这容器的内部，除了‘活空气’以外，原是什么也没有的。燃烧的结果，易燃物和‘活空气’不见了，却有一种新物质，譬如干的磷酸或锡粉代替它们出现在容器中。我称称这种新物质，查出单是它的分量，就和易燃物与‘活空气’加在一起的分量，刚好一般重。每一个有头脑的人都只能从这里得出一条结论：物体燃烧时要和‘活空气’化合成一种新物质。这和 2+2=4 一样地清楚。至于燃素，和这里有什么关系？不提它倒很清楚，提起它来，事情反而茫无头绪了。”

拉瓦锡这段话，在科学界引起了一场暴风雨。

化学家们已经习惯于到处看见燃素那无形的幽灵了，现在忽然宣布它不存在，这个 180° 的拐弯，他们怎样也不能马上转过来。还有，说燃烧着的物体不但没有被毁灭、被分解，反而与“活空气”结合，这种想法，他们也觉得十分荒诞。火的毁灭力不是人人从小就熟悉的吗？

拉瓦锡研究空气组成的实验设备

因此，他们最初只是对拉瓦锡简单地加以嘲笑。到后来，就指责他的工作有缺点，不是说他的实验做得不正确，就说他的天平在撒谎。

可是事实毕竟是事实。拉瓦锡不断地对燃素学说提出了许多反驳，这些观点是一个比一个新颖，一个比一个有说服力。他又提出了一连串人人可以核实的新事实来证明他的想法是正确的。

这样，那些拥护燃素学说的人才在铁证如山的压力下动摇起来，开始一步步后退。不过还有许多位化学家，试用了种种不同的方法来调和新发现和燃素学说间的矛盾。他们曾经接连地提出过许多种复杂费解的理论，又捏造了几十种极难令人相信的假说。

但到后来，还是拉瓦锡的看法占了上风。燃素学说的拥护者纷纷丢盔弃甲，心悦诚服地宣称：“要否认明摆着的事实是

有困难的。拉瓦锡的确没错。”

到 18 世纪末期，燃素学说就一去不复返地被赶出了化学科学的大门。

元素名单的刷新

“火焰空气”或“活空气”的发现，及燃素学说的垮台，在整个化学领域里造成了翻天覆地的变化。人们对于化学现象的看法革新了，也只有现在，才有可能来认真研究围绕我们的全部世界是由哪些元素组成的。

哪一种物质更为复杂：是磷，还是磷酸呢？是碳，还是碳酸呢？是金属，还是金属的灰烬呢？

“磷当然比磷酸更复杂，金属当然比金属变成的粉末更复杂。因为磷是由燃素和磷酸两种元素组成的，锡里面也包含着燃素和锡粉这两种元素。其余类推。”

现在已经查出，物质燃烧或生锈（氧化）时，什么也没有流失，反而还把“火焰空气”吸进自己里面。于是一切都完全变了样子。

现在必须把干的磷酸看成复合物质，把磷看成元素了，因为磷酸是由磷和“火焰空气”化合而成的，而磷却再也不能分解成别的物质。

必须承认纯碳为元素，而不承认碳酸是元素了。

金属呢，拉瓦锡宣布所有的金属都是元素，而金属的粉末则是复合物质。

此外，新发现的“火焰空气”和“无用空气”也出现在元素的名单里。拉瓦锡给“火焰空气”取名叫酸素（我们称作氧），来表示它能和几种物质化合成酸。例如：和磷化合，即成磷酸；和碳化合，即成碳酸；和硫化合，即成硫酸。而“无用空气”则被命名为窒素（我们称作氮），拉瓦锡从希腊文借用的原字就是无生命的意思。

在这以前，水也被认为是一种不可分解的元素。从远古时代起，科学家和哲学家们列举元素时，总要从空气和水开始。空气的复合性被发现的经过，上面已经讲过了。这一发现后，大约过了 10 年，人们又研究水的成分。水绝对不是元素，只是一种复合物质，这是由英国人卡文迪什和法国人拉瓦锡相继证明的。

水，普通的水，竟被发现里面含有两种元素，一种是“活空气”即氧，一种是被拉瓦锡称为“水素”的元素。这一发现引起普遍的惊讶，是可以想象得到的（水素就是金属溶解在酸里的时候，析出来的那种最轻的易燃气体，我们叫氢）。

于是水也跟着空气被剔除出了元素名单。

这以后，拉瓦锡就试着计算世界上一共有多少种元素——在 30 种以上。按照拉瓦锡的意见，世界上不计其数的复杂的物体就是由这 30 多种元素组成的。

不过对于自己这张元素名单中所开列的某几种物质，他也曾经偶尔流露过怀疑。

“我不得不把它们算作元素，只是因为暂时还无法分解它们，”他承认说，“有许多事实说明它们实在是复合物质。总有一天，化学家会找到方法，令人信服地证明这一点，像过去证明空气和水是复合物质一样。”

拉瓦锡的预言，很快就准确地实现了。下一章就讲这个预言变成现实的经过。

第二章 •••

化学和电相结合

伏打柱

在 19 世纪刚刚拉开序幕的时候，有两位意大利科学家——伽伐尼和伏打完成了一项极其重要的发现。他们查出电可以长期持续地沿着一条闭合的电路流动——兜圈子。

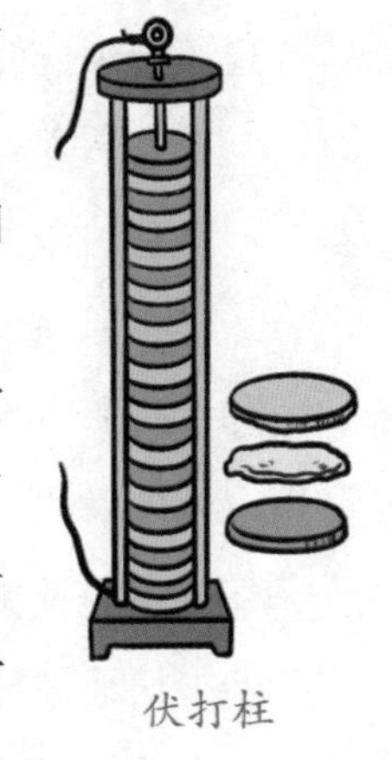

伏打柱

这种现象是伽伐尼首先观察到的，但它的正确解释却是伏打找到的。伏打还创制了产生电流的第一个装置。这都是 18 世纪最后几年的事。从那时候起，科技史上一个新时代就开始了。

伏打的装置非常简单。

他把一个用金属锌做成的环，放在一个用银或铜做的环上，或者就放在一枚普通的钱币上，再把一个用硬纸片、皮革或呢绒做的环用盐水浸透，压在两个金属环上面。接着又在这第三个环上压个银环，银环上再压上锌环，然后再压上浸过盐水的皮革环。他 10 次、20 次、30 次地照这样往上压，顺序总是先银，后锌，最后是湿的皮革。

这样就砌成了一根柱子，后人给它取名叫伏打柱。

由金属环和非金属环简单地砌起来的这种装置，就能持续不断地生电。

伏打柱也可以用另一种方式来制造——把它由直柱式改为横列式。把装满盐水或稀酸的玻璃缸随便多少个（2 个、10 个都可以）排成一行。每一只缸，都从一边放进一块铜片，再从对面的一边放进一块锌片。然后把每一个缸中的铜片和邻缸的锌片连接起来，使这一排玻璃缸变成一个整体。

这样的一组缸比用圆环砌成的柱子，所占地面当然要大得多，但是它的作用也强得多。

上述的装置，当时的人，谁都能够自己做一个，来检验伽伐尼和伏打所发现的新力量到底有多大作用，所以很快就查明利用电流可以做出许多不平凡的事情来。

第一，电流能分解水。只要把这种伽伐尼式电路接通，水就开始很快地被分解成它的组成部分。我们很熟悉的可燃性气体氢，会从电路的一端出现；舍勒的“火焰空气”，即我们同样熟悉的氧，会以小气泡的形状，从另一端上升。

此外又发现，电流通过普通水的时候，水中一个电极的附近会出现一些不知从哪里来的酸，另一电极附近会出现一些不知从哪里来的苛性碱。可见电流不但能把水分解成它的成分——氧和氢，还能从水里提取一些之前从来没在水里发现过的物质。

过些时候，又有了一种新发现：伏打柱所产生的电流能够从金属盐的溶液里“赶”出金属来。

举例来说，如果水里溶解了些蓝色结晶体——铜矾（即蓝矾），那么，电流通过这种溶液时，一个电极很快就会镀上一层红色的铜。铜极纯，镀得也极均匀。用同样的办法，也很容易使银、金及其他金属，从水溶液里分离出来。

物理学家所创造的伏打柱意外地变成了化学家手中锋利的武器。电流往往能够不用火焰，就毫无声息而又极其精确地产生一些十分惊人的化学变化来。

科学杂志编辑部简直来不及把无数关于电的实验的新消息及时刊登出来。像采金的人曾经从四面八方涌向新发现的富饶的产金地区一样，科学家们现在都在一心追着伏打柱，希望这件宝贝能给他们创造出无穷尽的奇迹来。

在人数众多的这批初期电化学家的行列里，很快就有一个人声誉鹊起，那就是英国的青年研究家戴维。

汉夫里·戴维的童年和少年时代

在伽伐尼教授第一次向世界公开他的发现的那一年，戴维还是一个又贪玩又淘气的小孩子。

他不大喜欢学校里的功课。由于不用心读拉丁文，加上又淘气，老师们常常随便揪他的耳朵。这使得他宁愿拿根钓竿坐

在河边钓鱼，或背支猎枪到森林里去打鸟，也不愿意背诵古罗马诗人的作品。

“唉，戴维！”他的老师柯里顿神父蔑视地朝他摆摆手说，“这个小家伙将来不会有出息。”

戴维出生于彭赞斯城，他的童年也是在这里度过的。这个小城没有道路通往英国各大都市。要从这里动身去伦敦，一路上的困难简直比20世纪40年代从欧洲去非洲的埃塞俄比亚还要大。全部旅程都得骑马；如果有辆普通的四轮马车出现在这个小城里，那就会和伦敦街头出现骆驼一样叫人惊奇。

广大世界所发生的事件，很少传到这里来，就是传来了一两件，也都过时很久了。再说，这里对外面的消息感兴趣的人也不多。

彭赞斯市民的娱乐，主要是角斗、打猎、斗鸡和酗酒。那这里还有什么能够引起孩子们对科学的兴趣呢？至于拥有“圣”的称号的柯里顿和他所教的拉丁文，当然更没有这种作用了。

在16岁以前，戴维是个不折不扣的淘气鬼。在本地的青少年中间，他以能诌几句歪诗和能打野禽出名，至于其他方面，他也和大家一样，是个知识浅薄的轻浮少年。

但自从他的父亲—— 一个老木刻匠——去世以后，戴维的生活立刻发生了变化。年轻的戴维是这个丧失了父亲的家庭中的长子，因此首先感到了责任的重大。他实在没有能力为家庭多出点力：在需要养家糊口的时候，不论是诗，是讨厌的拉丁文，还是钓鱼竿，都没用处。

于是他到当地一位名叫波尔拉斯的医生那里去当学徒。

波尔拉斯和当时许多别的医生一样，是个不讲理论、专讲实践的医生。他没有学过专门的知识，他医病的本领是他花了许多年的工夫一点一滴掌握的。最初，波尔拉斯曾细看他的师傅和东家怎样看病，并从各方面做师傅的助手，后来才开始独立行医。而现在戴维所要走的，也正是这样的一条路。那时候的人像学习制鞋或钉马掌一样学行医，谁看见了都认为很平常，不以为怪。

波尔拉斯同时又卖药品，他给人治病所用的药都是自己制备的。因此，小戴维从当学徒的头几天起，就得研制各种各样的粉末，溶解盐类和各种药材，对油和酸进行蒸馏。这样，他就在波尔拉斯的药店里，第一次同化学打上了交道。

戴维重复了卡尔·舍勒在瑞典的经历，从配制丸药和药水开始，逐渐到极其复杂的化学实验，没过多长的时间，他也就对这种新事物产生了真正的兴趣。作诗和钓鱼，当然没有完全抛弃，可已经成了可有可无的消遣了。

现在波尔拉斯家中，夜里有时发生爆炸的声音，使睡下的人大吃一惊，跳下床来——原来是那位疯了似的学徒在一点一点地掌握化学科学的秘密。

小戴维到这时才明白自己实在毫无学识，于是开始十分勤

勉地补习起来。他初步定了个自学的计划，要学会至少 7 种语言（包括现代的和古代的），仔细研究 20 来种学科（从解剖学到哲学）。

对于一个 16 岁的孩子来说，这个计划当然不简单。但戴维天资很高，无论什么学科，他都理解得非常快。无论多厚的书，他也是一口气读完，好像读有趣的笑话书一样。特别使他的朋友们感到惊讶的是，一本书到手后，他好像只走马观花地浏览了一遍，可已经清楚地了解它的内容了。

因此，只过了一两年，戴维从前的那位老师已经承认自己过去对这个顽皮学生的估计是多么错误了。而彭赞斯城内的一些最有学问的人都兴高采烈地谈论起戴维的学识和他那些巧妙的实验来。

他的声誉很快就传到了彭赞斯城外。1798 年，20 岁的戴维应邀搬家到布里斯特耳，进入气体力学院工作。那时候，气体力学院里正有一位贝杜斯教授在进行着用氮、氢、氧及其他几种发现不久的气体给人医病的试验。戴维在那里做了许多有趣的研究工作。他发现了一种能够像酒一样令人兴奋和陶醉的气体——“笑气”。这使他的声誉一下子传遍了整个英国。

在一个晴朗的日子，戴维收到了一封从伦敦寄来的信，里面是皇家学院的聘书。

这个学院拥有“皇家”的称号，并不是因为英国国王是这个学院的名誉院长，也不是因为他曾以任何方式参加学院的工作。国王跟这个学院差不多没有一点关系。就说经费吧，他也一分钱都不出。另有一群人——慈善家——出面向富人们募集有限的捐款，同时他们自己也捐助一些，来维持学院的开支。但国王却“恩准”他们把自己算在这个学术机关的创办人的行列内。不过对年轻的戴维来说，首都有家学院来信聘请他，当然非常光荣，所以他立即回信表示同意。

因此，1802 年 2 月 16 日，皇家学院的院董们开会后，会议记录上就留下了这样一条：

“兹决定：聘请戴维来院充任化学副教授、实验室主任和本院定期刊物的副主编，并批准他有权在院内领有一间房间，领用壁炉所需的煤炭及照明所需的蜡烛；此外，再对他支付一笔年俸——100 基尼。”

在阿柏马里街的学院中

伦敦所谓“高等社会”中的一群游手好闲的人现在忽然找到了一种消磨光阴的新方法：上皇家学院去听化学演讲。

当时，英法两国已经开战。路断了，没法到欧洲大陆上纸醉金迷的巴黎去吃喝玩乐了。有钱人上哪儿去消遣呢？

就在这时候，到处传言阿柏马里街那所学院里有一位教授，在举行一种非常特殊的演讲。于是一群在会客室和俱乐部里闲得无聊的时髦小姐和庄重的绅士立刻购买入场券去听讲。

化学！直到这时候，伦敦的社交界还没见过它的身影。

客人们来到阿柏马里街的演讲厅，首先看到一张大桌子，上面摆满了各种仪器。但是有阅历的人，定能马上看出有些高高的伏打柱挺立在仪器当中，还有几条螺旋形的导线从伏打柱伸向四面八方。

到了预定的时间，门开了，讲台上出现一位教授。于是太太们立刻把手里的长柄眼镜凑到眼前，先生们就伸长脖子，往台上望。

一个 22 岁的文弱青年站在台上。他的头不大，头发是栗色的，面部表情很是活泼生动。

“看他多年轻！”大厅里到处有人这样小声议论。

这就是戴维教授，一个木刻匠的儿子。在 6 年前，他还揣着钓钩和鱼饵，在彭赞斯街上乱跑呢。可是现在，他在伦敦最高贵的客人们面前演讲了。

机智善变的、神经质的戴维，在各种仪器间往来奔走着。他闭合了伽伐尼式电路，又切断了它，向大家指出怎样由于有酸出现在电池的电极附近，蓝色的石蕊素就突然变成红色，怎样一种物质转瞬就被分解，同时却出现了另一种物质。枯燥的理论经他一讲，忽然变成了简单明了的东西。他的话娓娓动听，有感染力，有时候，人们竟觉得台上站着的不是一位科学家，而是一位诗人在朗诵自己的诗稿。

牧师传道也好，政治家演说也好，很少能够像化学家戴维谈到自己的科学和实验那样说得热情动人的。

他的演讲获得了巨大的成功，演讲厅里每次都满座。人们欢呼雷动，把他从讲台上接下来，还有许多女士，像对待大名鼎鼎的男高音歌唱家一样，给他献花，并且私下里给他写热情洋溢的书信。

有钱人争先恐后地邀请他到家里来做客，戴维也从来不加拒绝。他擦掉手上化学试剂的痕迹，换上晚礼服，就快步跑去参加宴会或舞会。这个卓越的实验家，这个才子，这个有着火一般热情的科学诗人，他在各家的会客室里踱步的时间太多了，真浪费了不少宝贵的光阴。

但他的才干和青春总能克服这一切。他总有法子在不多的几个钟点的工作时间里，做出很多成绩来。

那么，他在皇家学院的实验室里都做了些什么事情呢？

戴维的笑气装置

学院的院董们常常强令他去做一些极其意外的工作。在第一年里，他们建议戴维给制革专家们开课，讲授鞣革的化学。

“饶了我吧！”戴维请求说，“我从来没有到过制革厂。”

“没关系，”院董们回答他，“您可是精通化学的。”

他没有法子，只得研究起制革来。

他能够很快把一种新事物研究明白，而且对于工作容易入迷，因此，没过多久，他在这一方面也取得了很大的成就。他查出有一种名叫“阿仙药”的特殊树汁，可以用来鞣制很好的皮革，于是就教各位制革家在工厂里采用这种材料做鞣剂。

可是院董们很快又给他想出了个新题目——查明本院积存的各种矿石的成分。

于是戴维只得又去分析矿石。

后来他们又请他搞农业化学。于是他又得下乡访问地主的庄园和农家的田地，仔细分析黑土和亚黏土，研究粪肥，并和老乡们讨论有关收获的种种情形。

他干这些事都是出于不得已，他自己却另有所好，那就是电化学，而他也总能抽出时间来研究自己喜爱的这门科学。

早在布里斯特耳气体力学院的时候，戴维就做了一个伏打柱，用它来进行了许多种研究。现在有了主持皇家学院实验室的机会，他就接二连三地建造起巨型的电池组来。这些电池组一个比一个大，其中有些竟装置了100对，甚至100多对的电极。

戴维做了许多种实验，打算把电流所引起的种种化学变化完全研究明白。

电流通过普通水的时候，水里出现的酸和碱是从哪里来的呢？这就是他在初期最感兴趣的问题。

他一步一步地前进，终于解决了这个问题。

有人认为这里面的酸和碱是由电流凭空创造出来的，但这种见解是错误的。原来总有一些外来的物质在人们没有察觉的情况下从各处（如从仪器的玻璃中，从金属电极所含的微量杂质中）被电流吸引出来。它们被分解后，就以酸和碱的形式聚积在沉入水中的电极附近，因为那里正是电流出入的地方。

这正是戴维的看法。

他曾根据这个看法做过一个实验。把一个用纯金铸成的容器装上通电的装置，往容器里注入纯净的蒸馏水。拿一个玻璃罩把这个装置罩得严严的，再用唧筒把罩内的空气完全抽尽。

这个装置里面肯定是不会有杂质的。

他接通了电流。水里果然只出现了氢和氧的气泡，并没有出现一点儿酸和碱。

戴维在 1806 年 11 月 20 日把上述的实验结果和他的看法在皇家科学会上做了报告（这个科学会在英国所起的作用，和其他各国科学院在其国家的作用大致是一样的）。

这一报告名叫贝开尔报告，原因是有一位名叫贝开尔的旧货商人，很喜爱自然科学，临死的时候，给皇家科学会留下了 100 英镑，存在银行里作为基金，将其每年所生的利息指定赠给在皇家科学会上报告了任何杰出发现的人，也就是做贝开尔报告的人。

这样的习惯，后来仍盛行——有些财主，有了几个钱，又想留名后世，没有别的方法，就想在科学方面破费一点，为自己买个名儿。

在 19 世纪初期，做贝开尔报告在英国社会看来那是一种

很高的荣誉。1806年戴维第一次做了贝开尔报告。他那次的报告还被认为是继伏打的发现后科学界的又一件大事。

戴维的第一次贝开尔报告在科学家的头脑中留下了强烈的印象，结果甚至在英国的交战国——法国，也有科学团体赠他金质奖章和以伏打命名的奖金。

但这不过是事情的开端。

刚刚过去一年，戴维又在皇家科学会上做了报告。这一次，德高望重的院士们才意外地听到了些真正不可思议的东西。

原来他已经发现了几种新的化学元素！几种十分奇特的化学元素！

苛性钾和苛性钠

化学家在他们的实验室里所使用的物质很多，可是苛性碱——苛性钾和苛性钠——在那些物质当中永远占有光荣的地位。

实验室里、工厂里和日常生活里，要用碱才能完成的化学反应，有几百种之多。

举例来说，用了苛性钾和苛性钠以后，大多数不在水中溶解的物质就变得可以溶解。使用它们时，就是最强的酸和令人出不来气的蒸气也会失去全部的烧灼性和毒性。

苛性碱都是些很特殊的物质。

就外形看，苛性碱是相当硬的微带白色的石块，好像没有一点出奇的地方。

但是，你把苛性钾或苛性钠拿在手里捏一捏，就会感觉到轻微的灼痛，好像触到了荨麻似的。苛性碱拿在手里的时间不能很长，时间长了会使你感到痛不可忍，因为它会烧烂皮肉，直到看见骨头。

人们要用“苛性”字样给它们取名，来区别它们和别种比较不“厉害”的碱——如各种常见的苏打和老碱，就是这个道理。顺便说一句，苛性钠和苛性钾通常是用苏打和老碱制成的。

苛性碱极喜水。把一块完全干燥的苛性钾或苛性钠留在空气里，不久，它的表面就会“出汗”，后来它就完全变湿、变酥，最终失去原来的轮廓，化为糊状的没有定型的东西。

这是因为碱能从空气里吸收水蒸气，逐渐形成浓的溶液。

如果有人第一次迫不得已把手指浸入苛性碱溶液，他一定会惊讶地说：“真像肥皂！”

这也是完全正确的，碱的确跟肥皂一样的滑。再说，肥皂摸起来之所以有肥皂的感觉，也是因为它们是用碱来制造的。论味道，苛性碱溶液也像肥皂。

可是化学家们并不凭味道来识别苛性碱，他们是凭这种物质对植物染料石蕊及酸所起的作用来识别它们的。

浸透了蓝色石蕊染料的试纸浸入酸中的时候，会立刻变红；如果再使这种变红了的试纸和碱接触，试纸马上又会变蓝。

苛性碱和酸是一秒钟也不能和睦相处的。它们立刻会起剧烈的反应，既发热，又发嗞嗞声，互相毁灭，直到溶液里只剩下一点碱或一滴酸为止。

只有到这时候，这里才恢复平静。遇到这种情形，化学家们说碱和酸互相“中和”了。由于它们相互化合，就生成了“中和”的盐。这种盐既没酸性，也没碱性。

举例来说，烧手的盐酸和苛性钠互相化合，就生成普通的食盐。

苛性碱乃是戴维时代化学家手中最常用的试剂。每一位新实验员刚一开始工作，就得和它们打交道，以后也只有极少数的日子能够不用它们。

人们向来以为苛性碱是不可再分解的简单物质，它们能和各种各样的物质相化合，可是，要把它们分解成更简单的物质，那就好像无论用什么力量也办不到。因此，它们就和金属、硫、磷以及新发现的氧、氢、氮等气体一道被人认为是元素。

当时每一位化学家都对此毫无疑问，可是戴维决定对这类物质试试电流的分解作用。

淡紫色火焰的秘密

他这个想法是什么时候开始的呢？在他刚一看见电流很容易分解化学物质，连伽伐尼电池组里偶然含有的极少量杂质，电流都能毫不费力地分解掉时，他心里就有了上述的想法。

戴维想："有许多物质，我们认为是不可分解的元素，但在它们当中可能也有许多种，经不起电流的作用。"

于是他开始对硫、磷、碳、碱、苦土、石灰、矾土的性质做批判的研究和比较。它们是不是元素呢？如果不是，那它们里面都含有哪些未知物质呢？

这个谜的确很有趣，值得花费些工夫把它揭穿！

做过多方面的考虑之后，戴维决定从碱入手研究。碱有几种化学性质跟一些已知的成分复杂的物质很相似，既然是这样，戴维就推想碱可能也是复合物质。伟大的拉瓦锡曾经做过同样的推测，绝不是没有道理的。拉瓦锡当年的确未能证实自己的推测，别的一些化学家在这一点上也不曾同意他。可是如果像拉瓦锡这样善于钻研的学者对碱都曾有过疑惑，那么从碱入手研究，一定会有所收获。

他首先准备分解苛性钾，所以第一步就制备了些苛性钾的水溶液。

他又吩咐他的助手、堂兄埃德蒙得把皇家学院中的电设备集合在一起，接连起来，做成一个庞大的电池组，其中包含大型电池 24 个，里面的锌制和铜制的方形电极都宽至 1 英尺[1]，较小型的电池 100 个，其中的电极宽至 1/2 英尺，此外还有最小的电池 150 个，电极宽至 1/3 英尺。这个庞大的电池组能够

[1]　1 英尺等于 0.3048 米。——编者注

产生极其强大的电流，所以戴维希望苛性钾经不住电流的作用，会分解成它的组成部分。

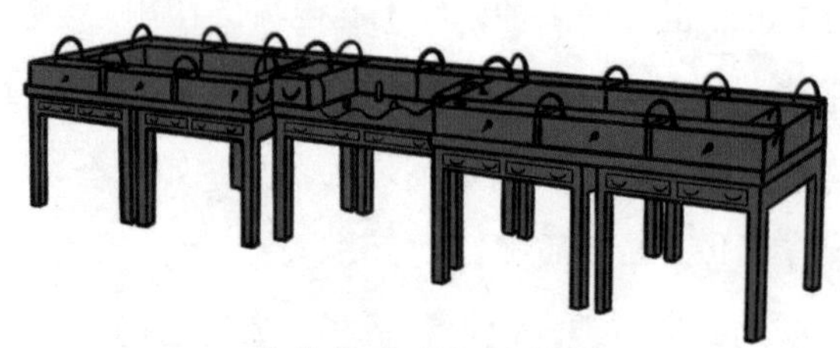

戴维使用的电解装置

接着，他俩就把制得的无色、透明的苛性钾溶液注入一个玻璃容器内，又把跟这庞大的电池组相连的两根细导线浸入溶液里。

电流刚一通过溶液，两条导线附近就都出现了气泡。不久，溶液沸腾、变热，气泡也越来越快地冲出液体，升入空中。

“这是水被分解成氢和氧的现象，”戴维失望地说，“让我们看看之后的情况吧。”

但那之后还是这样，电流只分解了那碱溶液里的水，至于苛性钾本身却没有特别的反应。

不过戴维并不是遇到困难就退缩的那一类人。

“好，”他下决心说，“如果水在这里有妨碍的话，就干脆不用它得了。”

于是他决定使用熔融的无水苛性钾，来代替苛性钾的水溶液。

他拿了些干燥的苛性钾粉末，装在一个白金匙子里，又在匙子下面放了一盏酒精灯，然后把预先备好的纯氧气用风箱吹进灯焰里。灯焰得了氧，燃烧得非常之亮，大约烧了3分钟，苛性钾就熔化成了一种液汁，摊在匙子里了。

这时候，戴维立刻用电池组的一条导线跟匙子接触，另一条导线，他准备拿来浸入匙内熔融的苛性钾里面。

苛性钾液汁正在微微冒烟，溅出着火的飞沫，飞沫溅到皮肤上很痛。可是戴维在兴奋中，竟不觉得疼痛。

“它会不会分解呢？”他用白金导线接触熔融了的苛性钾的表面时，心里想，“现在没有水了，匙子里只有苛性钾一种东西。如果它不是元素，它马上就会现出原形来……可是电流也可能通不过熔融的碱吧？”

但他白担心了半天，电流通过去了。

“喂！”戴维叫了一声，声音都变了，“埃德蒙得，这儿来！我敢打赌，苛性钾一定是分解了。”

助手用手遮着眼睛，往仪器跟前凑，而戴维自己却差一点儿将鼻子碰到白金匙子了。

由于电流的作用，熔融的苛性钾里面已经发生了显著的变化。在白金导线跟苛性钾接触的地方，出现了些小小的火舌，淡紫色的火焰非常美丽。只要电路不断，火焰就不熄；电流一停，火焰也就立刻熄灭了。

助手莫名其妙地看着教授问：“这是怎么回事？”

“埃德蒙得，这意味着，咱们已经把这种假元素给揭穿了。”戴维自信地说，“电流已经把苛性钾所含的某种未知物质分离出来。导线旁边引发淡紫色火焰的就是它。此外不可能有别的解释。不过我现在还不知道它是一种什么样的物质，也不知道怎样才能把它收集起来。”

是的，要收集这种神秘的物质，真不容易。

可是真有这种物质吗？戴维没有把导线附近那淡紫色火焰所具有的意义估计过高吗？

比戴维头脑冷静的实验家伽伐尼，曾经说过一句很有见解的话：“研究家在进行实验的时候所看见的，常常不是事物的真相，而只是他自己渴望看见的现象。”

戴维在那盛着熔融的碱的白金匙子里所看见的，会不会只是他自己渴望看见的现象？

他把这个实验重做了好多次。每次把浸入熔融的苛性钾的那条导线连上电池组的阴极，把白金匙子连上电池组的阳极时，都有淡紫色火焰出现。但是，当他把两条导线调换位置时，火焰就消失了，却出现苛性钾被分解的另一现象，即有某种气体的气泡从匙底升入空中，一个跟着一个，继而着火——这大概是氢。至于那在燃烧时引发淡紫色火焰的未知物质，他无论如何也收集不到。

出色的实验

在10月的一个薄雾蒙蒙的早晨，戴维刚吃完早饭，就离开卧室，下楼来到实验室。

还有一次实验，轮到今天做。

第一次，他没有把苛性钾分解成功是因为水。

第二次，又没有成功，可能是因为那熔融的碱热到了烧起来的地步，温度太高了。

这就是说，应当设法从无水的苛性钾里来分离这种未知物质，但又不可用火，免得这物质刚一分离出就被烧掉。如果这样来做，这种物质就一定可以落到实验者的手里了。

但是不用火又怎么来熔化苛性钾呢？看来只有试试让电流通过冷的固体苛性钾了。

戴维在那个值得纪念的10月的清晨走进实验室的时候，心里正是这样盘算着。

头天晚上，他到一个贵族家里参加舞会，深夜才回家，只睡了3个小时，所以现在头晕得厉害。但一开始工作，他的头脑立刻清醒，于是又和平日一样，一团烈火似的忙着安排实验。埃德蒙得也很快上班，来帮助他。

现在的全部课题是设法使电流通过冷的固体苛性钾。戴维知道干燥的苛性钾是和玻璃或瓷器一样的不导电体，因此，他尝试用水把苛性钾打湿。可是这样一来，电流不过是在分解水；至于苛性钾，电对它就起不到一点作用。

戴维和这种顽强的物质一连战斗了好几个钟头，没有得到任何有用的结果。如果不把苛性钾用水打湿，那么纵然电池组的力量十分充足，电流也无法通过苛性钾；可是改用水润湿了的苛性钾，也一样得不到良好的结果。

然而戴维并没有因此退缩。他忘记了世界上的一切，只看见那块白色的苛性钾顽固地竖立在眼前，抗拒着一切，令人无法分解它。

“无论怎样，我得让这块碱分解！”

他脑海里出现了几十种新的打算，可是所有的打算都过于复杂，成功的可能极小。

“不，应该使用一切方法，强迫电流通过固体苛性钾。”他终于做出了决定。

“这儿来，埃德蒙得，咱们得再试一次，再拿块碱来。”戴维说。

又一块完全干燥的苛性钾，从罐子里被拿出来了。可是在把它放到那跟电池组的阴极相连的白金片上以前，戴维让它在空气中停留了大约 1 分钟——仅仅 1 分钟！

“这一次，让它从空气里稍微吸收一点湿气试试。也许这样吸收到的湿气，刚够使固体碱变成导电体，同时，这一点水分可能因为分量少，又不至于阻碍电流分解这块碱。”他独自细想着。

这真是个聪明的想法！

干的苛性钾不合用，湿的苛性钾也不合用，于是他决定把苛性钾弄得不干也不湿！

这块苛性钾在蒙上了刚能看得出来的薄薄一层水分的时候，就被他放到白金片上了。戴维用白金导线从上面轻轻触到它，打算借此把电路接通。

电流果然通过去了。

那固体的碱块，立即从上下两个方面开始熔化。

戴维脸色变得苍白。他站在实验台旁边，紧张得几乎停止了呼吸。这时候，碱块同金属接触的地方正在熔化，发出细微的嗞嗞声。

这几秒钟仿佛是几个世纪。

突然啪的一声，像小爆竹，爆裂声很响亮地从熔融的碱上面传了过来。

戴维用胳膊肘使劲推了一推他的助手，跟着就把头俯到实验台上。

“埃德蒙得……埃德蒙得……”他喃喃地说道，“你看啊，埃德蒙得！”

上面，熔融的苛性钾，沸腾得越来越厉害；下面，白金片上，有些极小极小的珠子从熔融了的苛性钾里滚出来。

它们跟水银珠一样的滚动，一样的带有白银的光泽，可是它们的“脾气”却和水银完全不同。它们中间有的刚一滚出来，就啪的一声裂开，爆发出美丽悦目的淡紫色火焰后消失得无踪无影；有的虽然侥幸得到保全，却很快就在空气中变暗，蒙上一层白膜。

原来碱的组成中含有某种金属！而且在这以前，谁也不知道世界上有这么一种金属。

戴维认清了这一点，就突然离开座位，在实验室里如醉似狂地跳起舞来。架子上有件东西掉下来了，一个空的曲颈甑跟铁制的三脚架碰了一下，当啷一声打得粉碎。屋角有位工作人员，刚给一只瓶子注满了蒸馏水，听见声音，大吃一惊，连手里的虹吸管都来不及放下，就要冲出实验室。

“嘿，嘿！”戴维叫道，“好极了！戴维，你真棒！到底成功了！”然后抓住埃德蒙得的两肩摇了摇，推他离开桌子。

“拆开电路，埃德蒙得，”他叫道，“别再玩这种焰火了。咱们已经达到了目的。成就是什么，你可明白吗？”

“明白了，戴维。我衷心祝贺您！”

戴维很久不能平静，他已经陶醉在胜利的欢乐中了。

他又对助手说：“这还只是第一炮，以后该追求别的元素了，什么东西也经不起伽伐尼电流的冲击。咱们就要给全部化学翻案了！”

可是他今天已经无法思索应该怎样往下实验。他已高兴得不能自持了。

略微冷静了一点以后，他才坐到桌边，写下实验记录。他把墨水溅得到处都是，还写坏了几个笔头，才把那天发生的事全部记了下来。记完以后，匆匆忙忙地洗干净了手，他就高声歌唱着，冲出了实验室。

可是刚冲到门口，他又停下步来，好像想起了什么，回到桌边。他拿起记录，翻到刚才记了实验结果的那一页，就在页边空白的地方，粗粗大大地写下了一行字：

出色的实验！

入水不沉没，冰上能着火的金属

戴维那天简直像个欢蹦乱跳的小孩子，可谁也没有权利指责他。

他有好几个月梦想着分解苛性碱，可是失败了几十次，现在他那大胆的想法——分解那一向被认为不可分解的东西的想法才完全成功实现了。

他把苛性钾从元素名单上抹掉，换上一个当时还没人知道的新元素。这是一种真元素，他给它取名叫锅灰素（因为英国人把苛性钾叫锅灰）。

戴维工作起来像风一样疾速，说办就马上办完。现在他又怀着巨大的热情，一心只想又快又多地收集新物质，好做详细的研究。

但这却不简单。钾这种物质显然具有很不平凡的性质。

第一，它固执地“不愿”留在纯净的，也就是初生的形态里。这种金属刚一出生就急着要消失，要和其他物质化合。这就使戴维不得不认真地忙碌了一阵，最后才找到了一种方法，可以让它的初生形态保持好多天，不起变化。

第二，钾刚从熔融的苛性钾里产生的时候，即使不在爆响声中燃烧起来，在空气里它仍然很快就要发生变化。只消一刹那的工夫，它简直只是跟你打个照面，就失去光泽而披上一层白膜。刮掉这层膜是没有用处的，刮光了的钾马上又会披上新膜。

薄膜不久由湿润而变脆。再过一些时候，这块本来是银色的金属，就变成一堆没有固定轮廓的灰白色糊状物了。

这种糊状物，只要用手一摸，就会发现它是你的老相识——苛性钾，因为它摸着像肥皂，而红色石蕊纸碰着它会立刻变成蓝色。

这个变化的意义显然是：钾非常喜欢吸收空气里的氧和水蒸气，而变回原来的状态——碱。

戴维又曾把钾扔进水里，看它会怎样。按理说，金属到了水里会立刻下沉，安安静静地待在水底。至少，戴维所知道的一切旧金属都会这样。

可是钾的脾气完全不同。

它入水不沉，还要发出尖锐的嗞嗞声，在水面上乱窜。窜了一阵以后，还要发出震耳的爆响，钾上面同时爆发出淡紫色的火光。这金属就这样带着火光和嗞嗞声不停地在水面上乱跑，同时体积越来越小，直到全部变成苛性钾，就立即溶化在溶液里，不见影儿。

无论戴维把这种“烈性”的金属放在哪儿，总会引起咝咝声、爆响和火光。即使有时候它和其他物质相遇时的情形看上去好像很平静，可是结果它仍然要从其他元素的化合物里逐渐驱逐别的元素，叫它们让位给自己。

它在酸里会着火，它能腐蚀玻璃。

它在纯氧里会突然着火，发出强烈的白光，照耀得你睁不开眼睛来注视它。

在酒精和乙醚里，它会找出其中所含量极少的水分，立刻加以分解。它很容易，也很“乐意”和一切金属熔合在一起。

它同硫、磷化合时，会着火。

就是在冰上，它也能燃烧，把冰烧个洞，直到自己完全变成了碱，才停止作用。

像这样一种不安静的元素，戴维应该怎样来处理它呢？应该把它放在哪儿，保存在哪儿，又怎样保存呢？

他好像找不到一种能够压制住这种金属的物质了。可是很侥幸，他到底还是找到了一种。

这就是煤油。

在纯煤油里，钾很安静。看来它对煤油很冷淡，所以十分平静地待在里面。

戴维查出了它有这种性质，后来再从苛性钾里取得一块块的钾时，就立刻把它们藏在煤油里。

这样一来，操作立刻变得容易了。再说，钾既然可以储存，也就不必再担心因为缺少钾而中断实验。

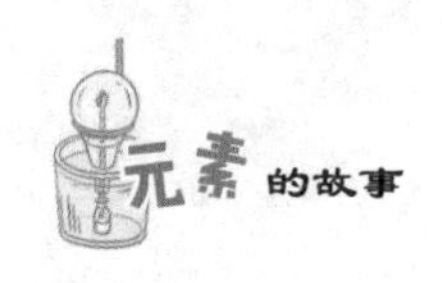

可是戴维现在虽然收集到一份新物质，分量也足够用来研究它的性质了，他却又开始怀疑这物质到底是不是一种真的金属。这疑念使他很痛苦。

从一方面看，钾显然是种真正的金属。

因为钾还没有来得及在空气里发生变化以前，总是闪耀着美丽的金属光泽，跟磨光了的白银一样。此外，它又善于传电导热，并能溶解在液体水银里，这也都跟一切金属一样。

但从另一方面看，你们又在哪儿见过金属遇到水还能着火，在空气中转眼就生锈呢？

此外，钾软得像蜡，很容易用刀割开，又非常轻，轻到在比水还轻的煤油里，有时也不下沉。

和同体积的它比较，黄金重约 20 倍，水银重约 16 倍，铁重约 9 倍，有些木料也比它重。这都使它看上去不像金属。

虽然如此，戴维最后仍然断定它是金属。

他想："钾这样轻，当然奇怪。但是铁比起黄金和白金来，也可以说是很轻的金属。可是有水银站在它们中间：水银比白金轻，可比铁重。

"钾之所以成为问题，一定是因为我们看惯了旧金属，又丝毫不知道还有新金属。大概过些时候，会在钾以外再发现几种金属，把钾和铁中间的空隙完全填满。"

戴维这个预言，后来完全应验。

突击的6周

1807年11月19日，是英国皇家科学会举行年度贝开尔报告会的日子。戴维那一次当然又是报告员。谁能对他的这份光荣提出异议呢？什么科学成绩能够盖过钾的发现呢？

可是要做贝开尔报告，得有很好的准备，得收集和观察许多有趣的事实。

所以戴维急着要在剩下的几个不多的星期里，尽可能完全地研究这种新物质，以便在报告以前把一切都彻底弄清楚。再说他自己不也想把钾的各种问题尽快地弄明白吗？

这一个半月，戴维好像是在发热病。他一会儿扔掉这，一会儿抓起那，同时进行好几件工作，但这也只是他的一贯作风。

他的助手和实验员们都累垮了。在同一天里，他往往要进行100种实验。他从抽风橱冲向电池组，又从空气唧筒冲到桌边，去记录实验的结果。他随便打破实验用的容器，随便弄坏仪器，一点也不心痛。在那些日子里，钾的爆响声，烧瓶和曲颈甑的破碎声，一直交替着传到人们的耳朵里。

不计其数的新想法，一幕幕地涌现在戴维的脑海中。一种设计刚完成，马上又想出另一种设计来。而每一种设计，他都要立刻使它变成现实，即使面前的仪器仅仅是在一小时以前才装好的，他也不会因为觉得可惜就停下来再考虑考虑。

周围是一片混乱，到处堆着垃圾，实验室差不多都像个马房了。不过到了做报告的前一天，戴维已经把钾认识得十分透彻，就是过去数十位化学家，在数百年中费了九牛二虎之力所得到的对任何一种旧元素的认识，也大约就这么多。

戴维在6个星期里为化学创立了一个新学科分支，但他还不肯把自己只局限在钾的研究这一项里！

分解了苛性钾以后，他立刻着手分解另一种碱——苛性钠。结果这种物质也被他用电流给分解了。苛性钠跟苛性钾一样，也是一种复合物质，也含有氧、氢和一种从来没人知道的金属。

这第二种金属十分像钾。同钾相比，它虽然稍微重些，可也很轻；虽然稍微硬些，可也不难用刀切开。此外，它也泛着白银的光泽；在空气中，也很快就起变化；在水面上，也带着呲呲声闯来闯去，只是不起火焰。还有，它也会安安静静地待在煤油里；遇到酸也会着火，只是发出的火焰不是钾的淡紫色而是深黄色。

一句话，戴维一下子发现了两种相似的元素——双胞胎元素。这两种元素之间的确也有不相似的地方，不过它们的相似

处，究竟比不相似处多得多。只是这第二种金属的活动性要比钾略微差点儿。

然而它的活动性还是相当强烈，足够把冰烧成洞。

戴维给它起名叫苏打素，因为它是用苛性钠来制备的，而苛性钠在英国就叫作苛性苏打。从那时起，戴维所发现的两种金属，在英国就叫锅灰素和苏打素，如今我们则称它们为钾和钠。

戴维无间断地实验了6个星期，使工作以不可思议的速度向前推进。

可你们也不要认为他在那些日子里一步也没有离开实验室。

不管多么忙，他的社交生活还是继续着。请柬不断飞来。今天是舞会，明天是宴会，后天又是什么聚会。

而戴维，伟大的戴维，现在虽然没有一秒钟忘记那对奇异的双胞胎金属，可还是很乐意到所有邀请他的人的家里去。

他就是这样好像有分身术似的，周旋在钾、钠和贵族的客厅之间。此外，他又研究作诗，还有人请他去调查监狱，因为那里忽然发现了伤寒病，需要戴维去寻找有效的消毒剂，免得瘟疫流行。

他在监狱里看到挤满了犯人的阴森的地窖和臭虫窝。犯人们是因为空气污浊、饮食恶劣、疾病丛生，才一个个面黄肌瘦的。说实话，化学能帮他们什么忙呢？当然什么也帮不上。但戴维是人家请他上哪儿，他就上哪儿，从来也不拒绝。

因此，在皇家科学会开会的日期——11 月 19 日快要来到的时候，戴维却累垮了。他形容枯槁，两眼凹陷，脸色苍白。

但他没有因此就气馁，夜间常常要在实验室里待到三四点钟，而第二天清晨上班，又比谁都早。往往天都快黑了，他又想起某某公爵家里的宴会他应该参加，于是又拼命往那儿赶。

“我们的戴维为什么变得这么胖？”有时候，认识他的人这样彼此询问。

“可是你看，他今天不是又瘦了吗？奇怪，怎么变得这样快！”他们在第二次遇见他的时候又说。

这里的秘密也很简单。他老是忙得连换衬衣都没时间。必须离开实验室去赴舞会了，他往往就不换衬衣，只是把一件新的直接罩在旧的外面。第二天，他又罩上件新的。这样，他身上的衬衣，有时就会一层层地套上了五六件。后来，抽得出时间了，才一齐脱掉，于是他就忽然瘦下来，使朋友们觉得惊奇。不过，这话可能是一些喜欢夸张的人在调侃他。

贝开尔报告的日子终于来到了。

戴维把他在近期所做的不计其数的实验全都搬了出来。讲完以后，又请出他那一对双胞胎金属，让它们表演给大家看。这哥俩在水面上奔跑、爆响，又向空中升起焰火。人人都相信它们是真正的金属，因为它们在煤油里闪耀着柔和的银光。

皇家科学会的会员们大为震惊。

不久，各种报纸上也介绍起戴维的新发现来。

凡是懂得点化学的人全都惊讶地说：“什么！在普通的苏

打和平凡的锅灰中竟发现了这么奇特的金属！虽是金属嘛，却比木头还轻，比蜡还软，比炭还容易着火，这是怎么回事啊？这样搞下去，明天也许还会从鼻烟里，利用电流取出黄金、金刚钻和只有天晓得的别的东西来呢！”

科学的威力，少有像这次这样被表现得一目了然与确凿可信。因此，戴维得到了暴风雨般的欢呼和祝贺。

意外的中断

这时候，戴维差一点为他对工作过分热情而付出生命的代价。

在做报告前好几天，他就觉得身上不好过了。头痛，两条腿有时候一点气力也没有，像是踩在棉花团上。使他感到难受的寒战，往往会在最不应该出现的时候出来袭击他。举例来说，在实验室冒着热气的沙浴旁边，或在舞厅里跳着卡德里尔舞，由于闷热，烛光都在变暗、人人都在流汗的时候，他却浑身颤抖起来。

他一直觉得不舒服，感觉病魔在偷偷地袭击他。但他还是咬紧牙关坚守在岗位上，顽强地工作下去。

“我竟要早早死去，来不及向世界报告自己的发现了，”他担心地说，“那以后就会有另外一个人，一个外国人，出来宣布是他把苛性钾分解成功了。那怎么成！只要我的脑子还没完全昏迷，我的手还能执笔，我就该把全部发现的经过，详细写出来。我不一定非上台演说不可，反正也可以写出书面报告来，请别人替我宣读的。”

但是他还是自己宣读了报告。当他上台说话的时候，热病使他浑身战栗，两颊绯红，两手微微颤抖，可他还是在这种从来没有经历过的情况下讲完了话。

戴维从讲台上下来的时候，一点气力也没有了，可是感到很幸福。

“您怎么了？”埃德蒙得看见他站都站不稳了，就问。

“我好像是得了伤寒，”戴维喃喃地说，“该死的监狱！”

勉强支撑了 4 天，他终于躺下了。

病情立刻恶化，他被高烧折磨得十分虚弱，还不停地说胡话。有几天，好像他的病已经没有希望了。

皇家学院的主持人垂头丧气了。近来有钱的“慈善家们”都不再为发展科学而捐款，整个学院差不多全靠戴维的演讲来维持。他的演讲成了学院收入的主要来源。因此，戴维如果真的死去，这个拥有“皇家”称号的学院简直就要垮台了。

所以只要有医生从病房里出来，学院的管理员立刻就要跑上去，向他小声地问：“怎么样？戴维先生好点了没有？”

“不好！”医生总是这样回答。

伦敦到处有人到医院来探问他的病。他的大名正在传扬开。他所发现的新金属及其具有的特性，许多人、许多俱乐部都在谈论。不料，不少人在阿柏马里街见过的这位教授发现了新元素的消息还没来得及普遍传开，跟着就飞来了他的不幸的消息!

“您听说了吗？”伦敦的人士附耳相告，“戴维快要死了!”

人群硬要闯进学院，要求确切地知道：昨天夜里，戴维教授的睡眠怎样，体温多高？据说他在调查监狱的时候，染上了伤寒，是不是真的？

这就使学院办公室不得不特地为他的病状贴出一张公告来。

戴维在床上躺了9个星期，因为这热病。在这段时间里，他几乎始终处在生死的边缘。好心的医生们都轮流守在他的病床前，日夜看护他。

他们都认为：“戴维从来没有得过伤寒，现在得的也不是伤寒，他不过是完全累垮了。由于操劳过度，身体非常虚弱，所以一点轻微的感冒，就把他带到了死亡线上。”

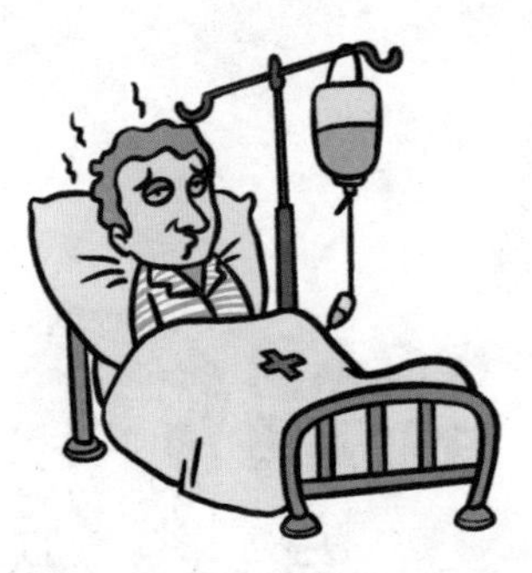

他到底还是活过来了。

一月的下半月，他的病势开始好转，可他还是十分孱弱，脸色苍白得吓人。关于实验室他暂时没有什么可想的，可又不愿虚度光阴，他就继续写他那首还没完成的诗。

疾病没有挫减他的锐气，他还是从前那位热情洋溢、心巧手快的戴维。

他还在家里的床上躺了一段时间。学院简陋的卧室里，连一张沙发或舒适的圈椅都没有，使得大病才好的戴维，除了卧床以外，连个坐的地方都没有。

在报纸上给戴维喝彩捧场，这在英国，的确是一点也不必吝惜的事。可是，柔软的沙发嘛，那是值钱的。一个木刻匠的儿子，不坐沙发，不也过得去吗？

戴维的朋友们终于使皇家学院的院长感到不好意思。这才花了 3.5 基尼，不知从什么地方以很便宜的价格买到了一张沙发，郑重其事地抬进了戴维的寝室。可是这时候，戴维已经不怎么需要它了。

钙、镁及其他元素

刚休养了一个月，戴维就开始在实验室里进行新的电化学实验了。戴维竭尽全力来弥补因病造成的时间损失。原来他说要给全部化学翻案，并不是说空话！除了苛性碱，是否还有许多种别的元素，这值得怀疑。戴维一直在盘算着用电流来考验考验它们。

当时的元素表上，苛性钾和苛性钠的近邻是几种碱土。

那就是石灰、苦土、重晶石、碳酸锶矿。

它们之所以叫土，是因为好多土层里都含有它们。它们不怕火，无论煅烧多久，也不熔化，不分解，不发生丝毫变化；它们也不怕水，水不能溶解，至少是极难溶解它们。

一句话，它们是土。

不过这几种土，仍然有几方面和肥皂般的苛性碱相似。

和苛性碱相似，它们很乐意和酸化合，使它们中和而变出不伤人的盐来。再则，如果设法使它们溶解在水里，那么，哪怕只溶解了一小点，得到的溶液也能把红石蕊试纸染成蓝色，而这正是碱的确凿特征。

它们被命名为碱土，就是这个道理。

戴维分解苛性碱完全成功了，并且从它们的组成中查出了新金属。这时候，他就差不多敢断定在碱土方面也能得出同样的结果。

这里只是得出 4 种旧元素的可能性比较小，而可以得出 4 种新元素的可能性比较大。只要挤出时间来，他想问题可以全部解决。

分解碱土的途径，看上去好像很简单。只需用水把这类物质的块状体打湿，再用更强的电流来处理它们就行。

可是一切并不像戴维想的那么顺利。

碱土的确有些特征，说明它是可以被分解的。譬如在电流通过的导线上出现了某种金属的薄膜状痕迹。而且这些痕迹在空气中会变暗，还会像钾和钠那样从水里替换出氢来。

可是戴维所得到的这些新物质，实在太少，怎么也达不到可以察觉的分量。

他一连几小时向这类土通电，可只得到了很小的几粒新金属，而且还不是纯金属，只是它们和铁丝结合而成的合金。他在分解碱土的实验上花了不少的时间，他那庞大的电池组都在实验中完全毁坏了，也没有给他带来满意的成绩。

于是他又建造了新的电池组，里面有500对电极，力量比旧的电池组还要大。

可即使有了这么强的电源，还是没有得到结果，必须另找方法才行。

最后还是瑞典化学家贝采利乌斯给戴维指了条正确的途径。他写信告诉戴维自己分析碱土的方法，并劝戴维用他的方法试一试。

贝采利乌斯不用铁丝向碱土通电，却用一个小小的液体水银柱来通电。他的想法是：新金属在电流的作用下，从碱土里分离出来时，一定会立刻溶解在水银里，形成新金属和水银的合金。水银跟水一样，遇热就会化为蒸气，所以以后并不难把水银从合金里赶出去，从而提炼出很纯的新金属来。

戴维立刻接受了贝采利乌斯的劝告，果然从每一种碱土里提出了一种新金属。从石灰里提出的，起名叫钙，因为石灰是由煅烧白垩得来的，而白垩的拉丁名称是钙尔克斯。从苦土里提出的，起名叫镁，其余两种，名叫钡和锶。直到现在，我们还是这样称呼它们。

这都是些银色的轻金属，都会很快地在空气中变暗，都能把水分解成它的组成部分，虽然它们分解水的力量没有钾和钠那么大。一般来说，如果把活泼而轻的钾和钠放在一头，把安静而重的“旧”金属——铁、铜、水银放在另一头，那么，碱土金属按其性质来说，好像就落在这两头的中间。

但戴维在采用了贝采利乌斯的建议以后，仍然没能够得到十分纯净的碱土金属。他应该对其中的每一种都多下功夫才是，但他的耐心不够。

他已经证明碱土不是元素而是复合物质。

又证明其中每一种里面都含有氧及一种金属。

可是现在他不想详细研究这些新金属的性质了。它们出现在他发现钾和钠之后，一点也不能引起他的好奇心。

接着戴维就去分解另外 4 种碱土——黏土里所含的矾土，砂石里所含的硅石，和不久以前化学家才在少见的矿石里发现的铍石和锆石。这些物质，当时也被认为是不可分解的元素。可是分解的结果，比以前那 4 种还要平淡无奇。

戴维只用了很短的时间来研究它们，虽然还没有看见这几种碱土里所含的元素，他已经给它们定下了名称，接着就把它们抛在脑后，不去研究了。

一种碱土类似另一种碱土，一种轻金属类似另一种轻金属，这使他觉得太平凡。他现在想追求的，乃是能够一鸣惊人的不平凡的发现啊！

下一次贝开尔报告的日期快到了。戴维知道听众正在满怀

热忱地等他上台。

于是他又忙了起来。有些工作，他做到一半就扔下来，赶做另外一些似乎可以一鸣惊人的工作，可是没把这些做完，他又着手干别的工作。

他甚至要分解硫、磷、碳、氮这些毫无问题的元素。因为如饥似渴地想从这些元素里发现隐藏在内的别种物质，他在实验中竟觉得自己果然达到了目的。

对自己的观察不加检查，戴维在1808年10月15日出席皇家科学会做第三次贝开尔报告时，竟冒冒失失地宣布已经证实硫、磷和碳都是复合物质。

这就不但不可信，而且不正确了。戴维真不该那么性急。只要稍微冷静一点，他就能发现自己的错误，不会去否认硫、磷、碳是真正的元素了。

戴维“爵士”

戴维的科学活动并没有因为这次失败就宣告结束。那时，他刚满30岁，正是精力充沛、富有创造精神的时候。

在以后几年中，戴维还做了不少杰出的工作。他研究了舍勒早在18世纪所发现的氯的性质，首先证实这种令人窒息的气体是一种不可分解的元素。他还发明了安全矿灯，矿工们带着这种灯，就可以勇敢地深入地下，不用担心那里的瓦斯会扑灭灯光。这种灯，今天还叫戴维灯，它曾救过成千名矿工的性命。

但戴维在他研究化学的时期所得到的科学成果，再也没有像分解苛性碱所得到的那样煊赫一时了。钾和钠的发现成了他科学创造的最高峰。

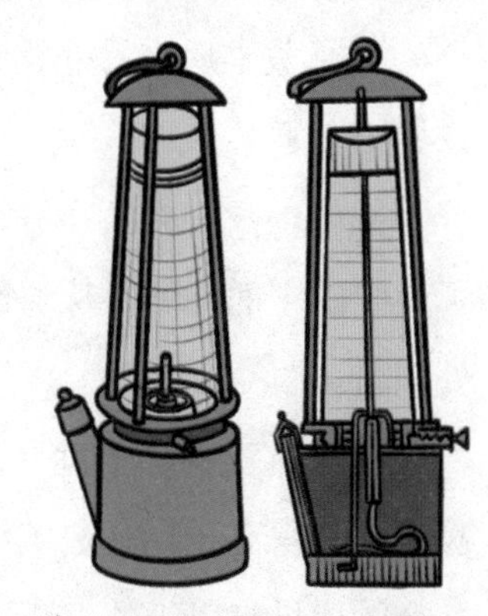

戴维发明的矿工安全用灯

戴维又用了几年的时间，把他那天生的热情和勇气全部贡献给实验工作。他在工作中不止一次地遇到生命危险，但是很幸运，每次都安全脱险。

只有一次，他被熔融的苛性钾烫伤了手，还有一只眼睛受到了爆伤。

可是随着年龄的增长，戴维开始对跟科学无关的事物产生了兴趣。这正是他同那些无所事事的有钱朋友交往过密的结果。他不再满足皇家学院中简陋的宿舍，而那菲薄的教授年薪，对于他也似乎太少了。

戴维的名利欲开始滋长。现在他不愿意再提到父亲是个低微的手艺人和自己也曾在外省的一个接骨医生家里当过“小鬼”了。

他一度打算行医赚钱，因为他想，以他的名望不愁招不到阔气的病人。而他的一些宗教界的朋友又想把这位伟大的科学家拉进他们的行列里，希望戴维那雄辩的口才能帮助他们愚弄

易于欺骗的教友，他们就一再用教会人士的庞大收入来诱惑他。

可是戴维后来另外找到了一条出路——跟一位富裕的贵族寡妇结了婚。

结婚前夕，在英皇乔治三世病中代理国政的摄政王，赐给了戴维爵士的称号。从那以后，戴维就骄傲地用爵士的头衔到处签名。

戴维生活的那个世界，不重视才能和劳动，却把财富和出身望族看得高于一切。戴维虽然天分极高，却也不能摆脱周围社会的成见与思想的束缚。

蓝色的和红色的物质

57 种，多一种也没有了

1789 年，拉瓦锡试着给世界上的元素开了名单，数了数，元素一共是 33 种。但是实际上，其中只有 24 种是真元素。至于其余的 9 种，有的，自然界根本不存在，有的，拉瓦锡把它们算作元素，只是因为当时还没有法子分解它们。

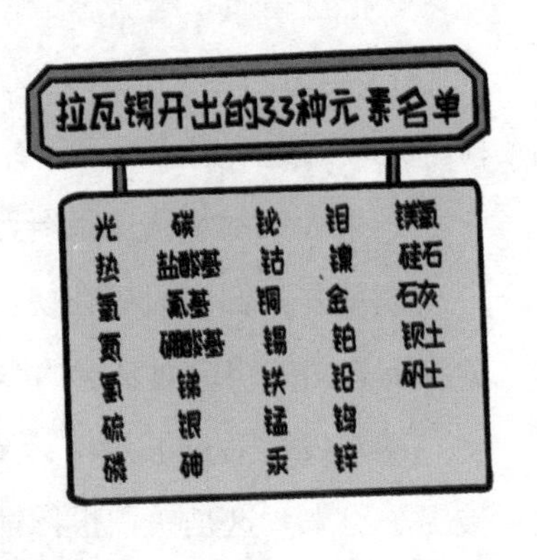

可是 40 年后，在戴维去世的那一年，化学家们已经肯定地知道有 53 种不同的元素存在了。

戴维本人发现的和指出发现途径的新元素，就不下 10 种。其余的都是由各国的其他科学家发现的。

19 世纪初期，巴黎有一个人名叫古多瓦。当拿破仑战争在欧洲爆发，制造黑色火药的原料——硝石——一天天供不应求的时候，古多瓦在巴黎郊区开办了一家硝石工厂。他生意不坏，可是不久就看出他那制造硝石的铜槽不知为什么蚀穿得非常快。古多瓦一追究原因，就在碱里发现了一种当时还没人知道的、有腐蚀性的物质。

这种物质提纯时是坚硬的结晶体，泛着黑色的金属的光泽。这些结晶体具有一种很不平常的性质：遇到热，不熔化，却直接化为紫色的蒸气。

古多瓦把找到的物质送给他认识的一位教授克莱曼研究。克莱曼把这物质拿给法国最伟大的化学家盖·吕萨克看。戴维于 1813 年访问巴黎，人们又从这种能产生紫色蒸气的物质中捡了几块，送给这位贵宾研究。

结果大家都承认这是新元素碘。

碘就是我们今天擦在伤口上用来消毒的药剂。不过消毒用的碘不是固体碘，而是碘的酒精溶液。

碘被发现后过了几年，又有一种未知元素从稀有的矿物里被提了出来。这是一种很像钾、钠的金属，它非常之轻，比最轻的木质只重一点。遗憾的是，它也具有钾、钠那种喜欢同水激烈化合的性质，不然的话，这样轻的东西简直可以用来做救生圈了。

这是碱金属中的第三个兄弟，名叫锂。

不久，又有一种跟碘相似的物质被找到了。1826 年，法国人巴里阿尔在产盐的盐沼地上找到了一种未知物质。它有许多性质很像碘，可又不是碘。新物质提纯时，是一种浓重的红色液体，有呛人的气味，所以人们给它起名叫溴。凡是熟悉照相术的人都知道，一切摄影用的玻璃片、纸片或胶片上，现在都涂有溴和银的化合物。而溴和钠的化合物，是一种安眠药，各地药房里都有出售。

还有几种新元素是由贝采利乌斯发现的。这人就是在1808年帮助戴维分解重晶石和石灰的那位瑞典化学家。

在贵金属方面，人们也发现了好几种新元素。从前，人们只知道3种贵金属——银、金、白金。19世纪初期又找到了4种和白金相似的元素——铱、锇、铑、钯。这还不算完。戴维去世后第15年（1844年）俄国喀山大学教授克劳斯又在乌拉尔白金矿中找到了一种很像白金的元素，起名叫钌。这已经是被发现的第57种元素了。

这以后，一段长时期里，哪里都没有再发现新元素了。

19世纪第二个25年里，工业开始蓬勃发展。欧美两洲出现了铁路，海面上出现了轮船。为了替工业寻找原料，为了寻找矿藏及其他地下宝藏，无论天南地北，都有人的足迹。

他们收集到的矿物和岩石非常之多。单是在各工厂和实验室中受到化学家最精密的分析的物质，也总有几千种之多。可是元素呢，除了已知的57种以外，什么新的也没被找到。

地球上所有的元素，到这时候，也许真的已全部发现，用不着再找了吧?

不，寻找元素的人并不死心。他们的看法是：

“很显然，我们目前所研究的元素，不过是一些到处可以遇到，并且容易跟别种元素分开的元素。但我们知道，一切已

知元素在地球上的分布是极不均匀的。例如铁，世界各地都很丰富；铜就少得多；银更少；金少得很；而钌，在整个地球上，大概不会超过几十吨。那么为什么不承认还有一些更稀少的元素，一撮撮或一粒粒地分散在世界各处呢？必须设法把它们侦查出来。”

可是人们尽管继续侦查，还是什么也没查出来。在澳大利亚，在格陵兰，在巴黎郊区，在维苏威火山上，的确有人找到了各种各样的岩石，可是它们都只含有我们所熟知的元素。至于新元素，谁也没有找到。

其实，这时候寻找新元素，已经比舍勒和拉瓦锡的时代容易多了。

化学分析这门艺术，年年都有进步。化学家们不但能够测出这种石头或那种土壤里含有哪几种元素，而且进一步地，他们又能极其精确地指出物质里所含有的各种元素这有多少、那有多少。

有经验的化学家，手里只要有 1 克物质，就能使其进行几十种变化。他们可以使这一物质经过溶解、蒸发、冲洗、过滤、煅烧，用酸处理，用碱处理，用火加热，用冰冷却，放在研钵中研细等程序而不损失一小粒。

他们制造了复杂的天平，这种天平十分灵敏，连 1/1000 克重的物质细末，都可以被放在上面称出精确的质量来。

人们已经学会精密而又精密地进行实验工作。

可是仍然没有一位化学家能够找到新元素。

最后，还是物理学来给化学帮忙，像从前物理学家伏打的发现帮助戴维那样。

从前那一次，新的化学元素是电给找到的。

50 年后的这一次，帮助化学家发现新元素的，却是光。

有一对朋友，他们一个是化学家本生，一个是物理学家基尔霍夫，他俩把学识、技能结合在一起，做出了一些十分惊人的成绩。

本生和基尔霍夫

像一架质地优良的旧式时钟，本生过了一辈子安闲的、没有波折的生活。本生从来不知道什么叫贫困，可也没有发财致富的念头。声望也好，艺术也好，他都没有兴趣，他只知道自己的科学研究，此外什么也不管。

他不是像舍勒或戴维那样自学成才的。他的父母从小就让儿子受到良好的教育，而他的童年和青年时代的环境，也在鼓舞他研究科学。

他的出生地——德国哥廷根城，就有一所世界驰名的大学。那个城市是在科学的哺育下发达起来的。假如说，港埠吃的是海洋的饭，疗养城吃的是病人的饭，那么，这个小城市吃的就是科学的饭。本生的父亲是哥廷根大学的教授。自然，一位可敬的教授的儿子，又很有才能，到时候也成了学者，是不足为奇的。

1828 年，本生 17 岁，读完了中学，升入大学。3 年后，他成了一位科学博士，之后，他就漫游欧洲。

本生用了一年半的时间，或坐马车，或步行，从这一城游历到那一城，从这一国游历到那一国。他访问过各种工厂，其中有冶金的，有化工的，有制糖的；他下过采煤的矿井，也上过积雪的高山；他拜访过德、法、瑞士和奥地利的名化学家。在法国圣德田，他还平生第一次看见了一件有趣的新玩意儿——不用马拉就能沿着铁道奔驰的火车。

回到故乡哥廷根以后，这位年轻的博士用不着多加考虑，马上踏上了父亲走熟了的老路。他当上了大学副教授，讲授化学。

这是 1834 年的事。从那年起，讲课，上实验室，再讲课，再上实验室，就成了他终生不变的生活方式。

他 25 岁怎样度日，到了 50 岁还是那样度日；50 岁怎样生活，到了 70 岁还是那样生活。早晨，天刚亮，就坐到桌边写写算算，检查实验的结果，接着就去上课。下了课，上实验室，直到中午才离开实验室去吃午饭。饭后，同朋友一道去散步，然后又回实验室。

不过有时候，也会出点事故，使本生改变生活方式。

这事故绝不会是严重的疾病，因为本生一直活到古稀之年，从来没有害过病；也不会是失恋，因为他从来没有爱过谁；也不会是因为家里出了什么不幸，因为他当了一辈子单身汉；更不会是政治关系，因为他向来躲避政治，从不参加社会活动。

本生一生中可能遇到的事故，只有爆炸和中毒；那差不多是每一位勇敢的化学家在工作中所不能避免的事故。

最初，本生之所以名重一时，是因为他是一位研究复杂化学物质“双二甲砷”的出色的科学家。就在那些初期的实验中，他的实验室里发生了一场爆炸，使他损失了一只眼睛，还差点儿中了有毒蒸气的毒。

本生是一位杰出的化学分析专家。他接二连三地想出了好多种新颖的分析方法，来更迅速、更精确地查明各种物质的成分。因此，常有青年化学家和大学生长途跋涉，从世界各地来找他学习那些精确的分析方法。

但他的科学工作并不止于化学分析一项，他还完成了好多种伟大的发现，发明过好多种有价值的仪器和实验装置。

但是，本生的一个朋友说得好，本生最大的发现，乃是他“发现”了基尔霍夫。

本生是在布勒斯劳（现在的弗罗茨瓦夫）“发现”了，也就是认识了基尔霍夫的。那是 1851 年，本生受聘到那里担任化学教授。他俩一认识，就成了极好的朋友。

大致说来，基尔霍夫的生活也是本生那种少变化而又平静的教授生活。

论才能，基尔霍夫也不亚于本生，不过他所研究的，不是化学而是物理学和数学。

但从外貌来说，他俩却跟昼与夜那样不相似。

当这两位好朋友顺着布勒斯劳的大街漫步时，行人们老是惊奇地盯住他俩的背影看。这是多么不相称的“一对”啊！

你可以想象：一个高个子、宽肩膀的男子汉，嘴里叼着雪茄烟，头上戴一顶高高的圆筒帽，整个人几乎够到了二层楼的窗口，这人便是本生；而在他身边亦步亦趋的那个人，又矮又小，老在不停地甩动着两只胳膊，他就是基尔霍夫。

本生不大爱说话，而基尔霍夫却口若悬河，总爱说个没完。小时候，他那张嘴还要贫得厉害，使得他母亲不得不时时提醒他说：“小优丽雅，闭上嘴……把嘴闭上会儿，小优丽雅。”妈妈叫他优丽雅，就是因为他又瘦又弱，活像一个女孩子。

本生和基尔霍夫

基尔霍夫懂得文艺，喜欢朗诵，曾经还是一位戏迷。但这一切都不妨碍他孩子般依恋着本生——这样一位除了科学什么也不想知道，这样一位谁也不能把他拖出不舒适的单身宿舍，到任何公共场所里去散散心的人。

第一次相识之后，大约过了一年到一年半，他们俩不得不分开了。本生被邀请到德国一所历史最悠久、办得最好的大学——海得尔堡大学——去教书。可是到了那里，他却十分想念基尔霍夫。基尔霍夫呢，也想念本生。结果便由本生设法让他的朋友也转到海得尔堡大学里来。

现在，这两位科学家一辈子也不分开了。他们差不多天天要到海得尔堡郊区那些丘陵起伏的地带去长时间地漫步，有时只他们两人去，有时也有几位本地的教授参加。在这样的漫步中，基尔霍夫和本生总要详细地互相介绍各自的实验和科学工作。

没过多久，他们就找到机会，为一件共同事业而协力工作起来。

火焰的颜色

1854 年，海得尔堡开办了一家瓦斯工厂。瓦斯管已经铺设到本生的实验室里了，他得预备瓦斯灯。本生尝试了各种构造的灯，可就是没有一种是他中意的。于是他自己发明了一种绝妙的新式瓦斯灯。本生发明的灯不冒烟，还可以随意调节，因为它的灯焰可以变得极热、极清洁而且没有什么颜色，也可以变得热度低点而火舌大些。要是你高兴，还可以在灯头上留下一个极小极小的火舌，可灯仍然不会灭。

这种十分简单而又便利的灯，今天世界上所有的实验室还使用着，名字就叫本生灯。

本生非常喜欢摆弄火。他有很好的手艺，能把熔融的玻璃吹成各式各样的化学仪器。所以有时候，他一连好几个钟头坐在桌边，拉着风箱，吹那用来焊接的火焰。他那两只大手，灵巧地转动着火焰里的玻璃块儿，全神贯注地朝熔融的玻璃里吹

气，把它吹成各种稀奇古怪的形状。他把金属焊在玻璃里，把一根玻璃管焊在另一根上，把一件装置焊在另一件上；他常常想都不想，就赤手去拿烧软了的玻璃，好像他的手跟别人不一样，是耐热火的，不是皮和肉的。

“马上就会闻到烤肉味儿了。”大学生们看见这位教授坐到焊接管旁的时候，常常这样说。

事实上，本生的手指，有时也真冒烟。但在那时刻，他说什么也不肯放下手中赤热的玻璃。只在痛不可忍的时候，他才使用一种特殊的、本生式的办法来止痛：把烫痛了的手指举到右耳边，让它们使劲捏住耳垂。

他那两只“耐火”的手是全校闻名的。

本生在对玻璃进行焊接和吹风的时候，当然不能不注意到火焰的颜色时时在变化。使用他自己创造的瓦斯灯以后，这种变化更引起了他的注意。

他的瓦斯灯灯焰平常总是呈现微弱的浅蓝色，温度很高。可是只要插进了玻璃管，几近无色的灯焰立刻变成浅黄色。灯焰要是钻进了灯头内部，把那里的铜烧红了，就要呈现绿色。而一小块钾盐，又会使灯焰呈现略带粉红的淡紫色。

有一次，本生用了一根白金丝，把各种各样的物质送进了火焰。结果呢？近乎无色的瓦斯灯焰竟染上了种种极其美丽的颜色，变得像彩灯一样。

一小粒锶盐，使灯焰放出明亮的紫红色。

钙——砖红色。

钠——明亮的黄色。

钡——绿色。

本生知道，有些化学家早已经想凭着火焰的颜色来认识物质的组成了。他们没有成功，因为他们只有酒精灯，而酒精灯焰本身就有颜色。在本生灯的无色火焰里，一切就十分鲜明地呈现出来。

“这可太好啦。”本生想，“只消几秒钟，就能把任何一种物质的组成检查明白了！”

本生是个分析化学专家，当然十分了解普通化学分析是多么费事。为了查明一种物质是由哪些元素组成的，通常得忙碌几小时，甚至几天。而这里呢，好像非常简单——只需把一小粒物质送进灯焰，立刻就能知道这物质里含有哪些元素！

但实际的情形是不是这样呢？是这样，可也不完全是这样。

要是那物质只含有一种元素，譬如说钾或锶，什么杂质也没有，那就好了。那时的灯焰会是洁净而且明亮的淡紫色或紫红色。可极常见的情形是，一种待分析的物质总含有好几种不同的元素，那时候，就是在最干净的本生灯灯焰里，也难以认出什么来，因为几种颜色会混合在一起，使你什么也分不清。

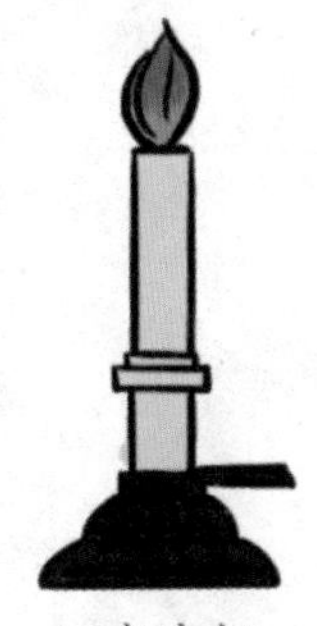
本生灯

本生为了分清每一种颜色，曾经采用过种种巧妙的方法。

他曾经试着通过蓝色玻璃来观察灯焰。结果，有时候，他也能从这里看出钾的淡紫色或锂的红色，虽然用肉眼看时，这里只是一片钠的深黄色。

原来隔着蓝色玻璃，黄色就看不出来，因此，淡紫色就清清楚楚地显了出来。但这是不太可靠的，用这种方法来检查物质的组成，100 次也只能有一次成功。

有一天散步的时候，本生把自己的体验告诉了基尔霍夫。

基尔霍夫回答说："作为一个物理学家，我要是你，就会换个方法试试。依我说，最好别直接观察火焰，应该观察火焰的光谱。这样做的话，所有的颜色都会清楚得多了。"本生很赞同这个想法。于是他们决定由他俩一起负责，立刻把这个想法化为现实。

这段谈话是在 1859 年秋初进行的，它在科学上产生了十分重大的成果。可是在谈这些后果以前，必须把米·瓦·罗蒙诺索夫当年所欣赏、歌颂和研究的虹中颜色的性质，详细介绍一下。

节日的焰火和俄罗斯科学之父

凉爽的圣彼得堡夏季。

18 世纪中期，伊丽莎白女皇加冕的那一年。

涅瓦河岸边，正对着科学院的那一带，锤、锯、刨的响声乱成一片。木匠们锯木料、钉板子，正在建造一只庞大的木筏。木筏上装着一些高架、轮盘、梯子、平台，又装饰了些花串、灯笼和服饰华美的木偶。有的木偶有一人高，还有的非常高大，活像童话里的巨人。

这里还有绿色的树林、山坡，麦浪起伏的田野和云影片片的天空，那都是用锦的、缎的以及绒的帷幕和布景做成的。

一过中午，人群就像流水一般朝着涅瓦河两岸涌去。木筏要到黄昏时分才下水。天黑下来了，涅瓦河中央，那规模宏大的花炮表演也就开幕了。各色火花急流似的冲入云霄，照耀得观众睁不开眼。焰火变幻多端，花样新奇得出乎想象之外，引得观众们时时惊呼。

在木筏舞台的中央，一般总有一个庞大的“中国轮盘”，边旋转，边喷射各色的火花，看去就像一轮巨大的太阳。一位修长的仙女站在由轮盘形成的光圈中，仙女脚边排列着一些小仙女。还有一股股绿色和紫色的火花，从木筏两旁，涌泉似的飞入高空。

人群里，除了几个懂得火花秘密的魔法师—— 一般的花炮匠以外，常常会出现一个人，对他来说，那美妙的焰火更不是秘密。这人宽肩膀，高个子，头上戴着假发，上身披着金线绣花的缎坎肩，腿上是条齐膝短裤，脚上穿了长筒袜和带扣的便鞋。他举止生硬，说话很响亮，有时还言辞锋利，习气很特别，一看就和那一群宫廷显贵及差役们截然不同。

这人有着天生的聪明和古板的性格，这使他不但在节日的人群中显得鹤立鸡群，就是在整个伊丽莎白王朝的俄国，也是一位奇人。这个戴假发、披坎肩的高个子是谁呢？他就是俄罗斯科学之父、霍尔莫戈尔一个渔夫的儿子——米·瓦·罗蒙诺索夫。

罗蒙诺索夫不是一个寻常的观众。他得遵照女皇的旨意，给节日编制节目单，为寓言想出离奇曲折的情节，为布景起草稿，甚至写出诗篇来供人朗诵。

罗蒙诺索夫还得指点花炮匠们怎样给焰火增加新色彩，怎样制造响声更大的爆竹，怎样使一股股的火花喷射得更高、更有力。

罗蒙诺索夫做完了节日的准备工作，十之八九要进自己的实验室。这是俄国第一所实验室，离涅瓦河没有多远，就设在科学院后院的“植物宫”里。罗蒙诺索夫摘掉假发，脱下坎肩，往往要按照中学生的习惯，把笔往耳朵上一别，坐到摆着瓶瓶罐罐的桌子旁边去。

科学院的工作报告上，常把罗蒙诺索夫没有出席庆祝会和院务会的理由，写成“实验工作过忙”。实验室不很大，长6.5俄丈[1]，宽5俄丈，室内的设备也很简单。第一间大屋子里砌着一个火炉，火炉上面装有罩子和烟囱，有害气体就经过这套设备飞出室外；第二间屋子比较小，是罗蒙诺索夫授课的课室；第三

[1] 1俄丈约等于2.134米。——编者注

间屋子，储藏着一些化学药品和仪器，另外摆了一张桌子，桌上有架木制的天平和一本化学笔记簿，罗蒙诺索夫就把自己的思想生动而准确地写在这本簿子上。

笔记里有一条说：

“把几种物质掺和在一起，因而产生各式各样的颜色时……可以用灵敏的光学仪器把它们查出来。”

用心想想这段话的意思就会明白，罗蒙诺索夫实在是第一个猜破了物质的性质同燃烧物所生火焰的颜色之间的神秘关系的科学家。

在罗蒙诺索夫当年写这条笔记的时候，物质的构造是用种种不合理和互相矛盾的理论来解释的，燃素学说还盛极一时。

可是罗蒙诺索夫已经看出了这个学说不正确。他也做过铁屑的实验，就利用笔记簿旁那架木制天平。他早在拉瓦锡之前，就领悟到物质不灭定律了。

在罗蒙诺索夫在世的年代，一种元素都还没有被查出来，可是罗蒙诺索夫已经猜到物质是怎样构成的了。

他在笔记上写道：“朱砂里有水银，可是朱砂里的水银，就是用最好的显微镜也看不出来。因此，只有通过化学才能认识水银的性质。首先揭开自然界内部殿堂的帷幕的，将是化学。”

火焰像花炮一样，爆发了，又灭了，怎样让它留下痕迹呢？有些物质，放到当时最热的火炉里也不熔化，怎样叫它燃烧呢？火焰的颜色和元素之间的关系又怎样查证呢？

罗蒙诺索夫当年缺少的东西太多了。只要稍微举出几件，罗蒙诺索夫的领悟力就会使你更加吃惊。

他缺乏照相术来保留物质燃烧所生火焰的痕迹，也没有电弧来熔化物体，至于分光镜，那更不必说了。

罗蒙诺索夫的分光镜就是天边的虹，他的电弧就是太阳上的日珥。

查一查分散在他的科学书籍、颂诗及随诗寄发的书信中的他的思想，就可以看出他已经猜到火焰的颜色——后来叫作光谱线的——乃是一种特定元素，一种特定的单质所固有的东西。

罗蒙诺索夫的领悟力真是伟大极了！

牛顿为什么玩太阳影儿？

1666 年，青年科学家伊萨克·牛顿在英国一个静静的城市剑桥，很专心地进行一种十分奇异的研究，一连好几天方才罢手。

他在逗弄太阳影儿。

伊萨克·牛顿

牛顿一个人长时间地待在一间黑暗的屋子里，摸索着摆弄什么，从从容容地忙碌着，有时还要自言自语地嘟哝几句。也许他不过是怕热，到这间黑屋子里来凉快凉快吧。不是的！所有的隙缝都让他给遮严了，屋子里闷热得简直像温室。他还按照当时的装束，戴着很重的假发。他身上的汗正像下雨一样往下滴，可是街上却是习习清风，吹得非常凉爽。那他到底为什么要待在这间极其闷热的屋子里呢?

他让太阳影儿造成的光点落在一张纸片上……

所有的窗子，都上好了不透光的百叶窗，只有其中一扇窗上开了个黄豆般大的小圆孔，让一束很细的太阳光经过圆孔射进黑暗里来。牛顿在屋子里静悄悄地踱来踱去，时而把手掌或纸片放在光束下面，时而让光线射到远一点的墙壁上。这样，那个明亮的光点就从他的掌上跳到墙上，又从墙上跳到纸上，再从纸上跳到他的黑色衣服上。

难道这位青年科学家是在心满意足地玩着这种儿童游戏吗？当然不是。牛顿不是在消遣，他是在郑重其事地做实验。

他手上是个玻璃制的三棱镜，那是一块有着 3 条直边的普通玻璃砖。牛顿时不时地把这块玻璃砖插进太阳光束里。

这玻璃玩意儿一截住光束的去路，墙上那个圆圆的白色小光点就立刻消失，变出一个长条形的彩色光带来。

“白光哪儿去了？”牛顿第一次发现这个神秘的变化时，曾经这样问自己。

牛顿一只手拿着三棱镜，另一只手逗弄着光线。他摆摆手，又动动手指。手指有的染上了鲜红色，有的染上了黄色，还有的染上了绿色、青色、紫色。那白光呢，却哪儿也找不到了。

牛顿把这个实验重做了好多次。每次都是一样的结果：日光在没有射到三棱镜以前，是寻常的白光，通过三棱镜以后，

就变出虹中所有的各种颜色来。

牛顿一把三棱镜拿开，那个跟百叶窗上的洞孔一样大小的白色太阳影儿，便开始在墙上跳动。可是三棱镜一挡住光线的去路，墙上就现出一个长条形的彩色光带。

牛顿把这种长条形的彩色光带叫作光谱。

光谱最上面的一条永远是红色的。红色下面逐渐变成橙色，橙色下面逐渐变成黄色，黄色渐变成绿色，绿色渐变成青色，而光谱的最下边的两种颜色，总是蓝色和紫色。

牛顿绞尽脑汁思考了很久，想把光谱形成的原因找出来。只要太阳一出来，他就关上百叶窗，逗弄那五颜六色的光线。直到天快黑了，才走出他那间自愿待着的禁闭室，叫室外的亮光照得睁不开眼，可是那些美丽悦目的彩色光谱还在他眼睛里浮动着。

他日日夜夜思索着光谱，终于完全想通了它形成的原因。

牛顿认为太阳射来的光并不是白光，不过看上去很像白光。从天空射来的，其实都是一股股极其明亮的有色光线。只因它们是一同来到的，所以我们的眼睛就无法分清其中的各色光线，而把它们看成一片白光。但这些混在一起的光线一旦穿过三棱镜，三棱镜就能使它们分开，各依各的方向前进，结果我们就能把其中的每一种颜色分辨出来。

每一股有色光线都能产生一个同百叶窗上的洞孔一样大小的小圆光点。红色光点在最上面，因为红色光线受到三棱镜的折射作用最小；紫色光点在最下面，因为三棱镜把紫色光线折射得最远；其余各色光点，就依次排列在红色和紫色光点的中间。

一种颜色的光点，总要把它的边缘重叠在另一种颜色的光点上面。墙上经过百叶窗孔的那个圆形白色光点被折射后，马上会变成一条长长的彩色光带——光谱，就是这个道理。

牛顿的这种解释，乍一听好像十分奇怪。

我们很难想象白光其实不是白色的，也很难想象天天打我们头上经过、把世界照得通明透亮的太阳，并不是白色的，而是同时拥有红、黄、绿、紫各色光线。

但这个奇异的解释却是正确的。不然的话，那透明的露珠和雨滴，在日光照射下，怎么会泛出各种各样的颜色来呢？

牛顿把太阳的白光解释成各色光线的混合体，乃是在那间黑屋子里做过了几十次实验以后才决定的。而他为这种解释提出的证明，也一目了然，无法反驳。

牛顿不但把白色的混合光束分解成了其中所含的各种颜色，他又倒过来实验，用另一块三棱镜，把各色光线集中到一起，结果看去就又好像是白色的。

此外，他还想出了一种实验：把太阳光谱上的所有颜色画在一个圆木盘上，再让木盘依着中心轴旋转。这时候，这个旋转着的木盘，看上去就几乎是白色的。

实际上，整个木盘是花的——上面一个小白点也没有。

夫琅和费线

“可是说实在的，太阳和这里有什么关系呢？”读者问，“这里谈的是本生灯的火焰，是分析化学物质。为什么忽然提到太阳和太阳的光谱呢？”

这你一会儿就会明白。

牛顿查出了什么？

他在黑屋子里查出太阳光不是由一种光线而是由各种不同颜色的光线组成的，又查出三棱镜的折射作用能使这些光线离开原来的直线，各依一条新路线前进。

那么，一切别的光——日光以外的人造光也都不是单一的吗？例如酒精灯的光或烛光也是由各种颜色的光所组成的吗？

是的，人工照明灯所发的光，也是可以分解成各种颜色的。

1814 年，专业熟练的德国光学家夫琅和费曾经研究各种灯光的光谱，想从里面找到一种只发一种光线的光源。因为他为光学仪器造好了几块优良的放大镜，需要单色的光，以帮助他检查放大镜的品质。

夫琅和费没有找到纯净的单色光，但他发现了其他几种有趣的事物。

夫琅和费像牛顿一样，钻进了一间黑屋子，但他没有让外来的光经过圆孔，而是让它经过窗上或门上一个狭缝射进屋子。

他把一盏灯放在室外那条狭缝的跟前，又把一支窥管装在三棱镜后面，来收集灯焰所生的光谱。

他的窥管很有作用，他那三棱镜也是特种玻璃制造的，能使各色光线向不同的方向散开，分布得很宽。因此，他所得到的光谱就很长，很鲜艳，轮廓清晰。那样长的一条花花绿绿的光带，看上去是多么美丽呀！

夫琅和费第一次在狭缝跟前摆了盏油灯。向窥管里窥看时，里面有两条大小和狭缝恰恰相等的极其明亮的黄线，并排出现在一条彩色谱带上。

他转转管里的透镜，又窥看了一两次。黄线总是出现在原来的位置上。于是夫琅和费想到，这准是因为在油灯所发出的全部光线中，有两条特别明亮，所以，虽然夹在其他光线当中，不但没有模糊不清，还形成了同狭缝一样大小的两个独立的、轮廓分明的映象。

夫琅和费拿掉油灯，改用酒精灯，那两条黄线仍然出现在窥管的视野里。

换用蜡烛，黄线仍然很突出。而且，尽管光源改变，黄线

出现的位置总是相同——当然，这是说窥管和三棱镜没有挪动位置，光谱也没有改变长度的话。

夫琅和费又在太阳光谱中寻找这两条黄线，但是没有找到，却发现太阳光谱中有许多条黑线横断在一条又长又亮的彩色谱带上。

夫琅和费数了数黑线的数目，在500条以上。这500多条粗细长短与狭缝相等的细黑线，条条都永远出现在相同的位置上。有的黑得深些，有的黑得浅些，还有的在光谱的明亮背景上显得漆黑，看上去特别清楚。于是他用拉丁字母A、B、C、D等来给最清楚的黑线做标记。

“多奇怪！”夫琅和费盯住黑线，心里想，“太阳光里好像少了几种颜色似的！”

他对着这些黑线条仔细观察了一番以后，更加惊异起来。原来那最黑的双线D的位置，恰恰就是他以前在蜡烛和油灯的光谱中所看见的明亮黄线的位置。

白天，让日光射进狭缝的时候，在日光彩色谱带上一定的地方，会出现两条黑线……夜间，把灯或烛放在狭缝前，他就在光谱的同一位置上，看到一对明亮的黄线。这两对线条的粗细长短，是完全吻合的。

换句话说，那些在人工照明灯里照得最亮的光线，日光里恰恰没有。

这真是一种奇怪的、无法解释的现象！

夫琅和费以后，还有许多科学家对各种光源所生的光谱进行了研究。他们在三棱镜前，摆过牛油烛、电火花、伏打电弧，可是十之八九都在它们的光谱里发现明亮的黄线，此外当然还有几条常见的明亮谱线。

人们从太阳光谱里还找到了许多条新的黑线（后来都被称为夫琅和费线）。可是谁也不能说明，到底是为什么，在油灯和电弧的光谱里会出现有颜色的谱线，而在太阳光谱里却出现黑色的谱线。这个闷葫芦，以前的科学家虽说差点就要打破了，可总没有彻底揭开里面的秘密。

到了基尔霍夫和本生手里，这个秘密才被彻底揭开。

光谱分析术

基尔霍夫和本生两人，一开始就自己动手制作观察光谱的仪器——分光镜。

基尔霍夫在一个天气晴朗的日子，带着一个雪茄烟盒和两根用旧了的望远镜镜筒，来到本生的实验室。他俩就用这几件简单的东西，装配起分光镜来。

他们在一根镜筒的一头开了条狭缝，这样就做成了一根所谓的平行光管，让光通过它射进分光镜。不难想到，平行光管的用处和牛顿黑屋子里的带孔百叶窗一样。

光一通过平行光管，就落到三棱镜上，三棱镜是被罩在雪茄烟盒里的。为了不让外面的光射进盒内，基尔霍夫还在盒子里面糊了一层黑纸。

三棱镜把狭缝里射来的光线，往一旁折射，形成光谱。基尔霍夫和本生就效仿当年的夫琅和费，通过第二根镜筒——窥管，来观察这光谱。

当然，安装分光镜的工作，大半是由物理学家基尔霍夫动手。可是本生也没闲待着，他在预备最纯的物质，以便送进火焰里研究。他一次又一次地把种种不同的盐溶解在水里，再从水溶液里析出它们的晶体，然后对晶体进行过滤、冲洗、再溶解等操作，直到获得了极纯的物质才罢手。

这本是一种繁重而且乏味的工作，但本生在科学作业上是有耐心和毅力的，因为他从小就在这方面有过极好的训练。两个知心朋友工作得很认真，考虑得很周密，所以工作很快就有了结果。

基尔霍夫开始是用一面镜子使明亮的太阳光束照进狭缝，来检查仪器有没有毛病。他把眼睛凑在窥管口上，里面是条彩色的光谱，还有许多条黑色的夫琅和费线横断在上面。

接着，他用窗帘遮好窗户，在平行光管的管缝前面，放一盏点着的本生灯。

现在分光镜里是漆黑的，基尔霍夫把眼睛凑到窥管口上，里面只有一点微光，微弱到刚能看出来。

本生灯是紧靠着平行光管管缝放的，灯焰又很热，比钢水还热，可是这种火焰所生的光，竟几乎不生光谱。本生灯的灯焰就这么苍白，这么无力。

这种情景的突然改变，开始于本生着手向灯焰输送各种物质微粒的时候。首先被送入灯焰的是纯食盐，这东西化学家叫氯化钠，因为它是氯和钠两种元素组成的。本生拿了一根白金丝，蘸了一小粒食盐，送进灯焰里，灯焰立刻变成了明亮的黄色。基尔霍夫见了就急忙把眼睛凑到窥管口上。

“我看见两条黄线并排在一起，此外什么也没有了。背景是黑色的，黑色背景上有两条黄色的缝隙。”他说。

改用钠的别种化合物时，所得到的还是这样两条黄线。本生依次向火焰里送进了碳酸钠（又名苏打）、硫酸钠、硝酸钠（又名硝石）和钠的许多种别的盐。它们所生的光谱，全都一样，全都是黑色的背景上出现两条明亮的黄线，而这两条黄线还永远出现在同一位置上。

这就十分明显：钠盐由于高热会立刻分解，其中的钠马上化为白热的蒸气，白热的蒸气就发出了色调永远不变的黄光。

钠盐一挥发完毕，灯焰马上恢复无色的原状，于是本生把白金丝好好洗干净，放进火里烧了烧，又蘸了几粒钾盐送进灯焰里。

这一次，灯焰被染成了鲜嫩的淡紫色。基尔霍夫又把眼睛凑到了窥管口上。

足有好几秒钟，没有人出声。

“基尔霍夫，你看见什么了？”本生问。

“我看见了黑暗的背景上面有一条紫线和一条红线。两条谱线当中的光谱，差不多是连成一片的，上面一条明亮线条也没有。”

所有的锂盐都产生一条明亮的红线和一条较暗的橙线。

所有锶盐的光谱上，都有一条明亮的蓝线和几条暗红线。

总之，每一种元素都有它特有的谱线。看来，每一种元素的白热蒸气都能产生一定不变的几种颜色光线，而三棱镜就把这些光线分别折射到它们各自的特定位置上。

基尔霍夫和本生满心喜悦地观察着分光镜中美丽悦目的彩色谱线。本生还做了一个特别的座子，代替人手抓住白金丝插进灯焰里。有了这个座子，人就用不着待在狭缝跟前，于是本生也能同基尔霍夫一道往分光镜里窥看了。

后来，他俩的眼睛都看花了，可是基尔霍夫还不想走。

他说：“应该把这一切都画下来。咱们得把所有的光谱记录在纸上，将来才有底样可以比较。”

“慢着，”本生拦住他说，“有一个问题最重要，我们还没有弄明白。要是向火焰里同时送进几种不同的盐，譬如说钠盐、钾盐和锂盐，那时候，光谱会成什么样儿呢？”

于是他们决定立刻用混合物来做实验——哪怕只做一次，然后再休息。原来两人都急着想知道能不能凭着光谱来查明复合物质的组成。

决定性的一分钟就要到了。基尔霍夫在屋子里踱过来又踱过去，用手揉着发酸的眼睛。本生和往常一样，毫无激动的表现，只是细心地把几种盐慢慢掺和在一起，最后他用白金丝蘸上几粒混合物，送进火焰。火焰染上了明亮的黄色，这是钠的颜色盖过了所有别的物质的颜色。

可是分光镜里是个什么样儿呢?

基尔霍夫往窥管里看了很久，屋子里静悄悄的。火焰里，盐在爆响。本生拿着白金丝，手都有点哆嗦了。

最后，基尔霍夫说："你掺和的是哪几种盐，我说得上来了。这里有钠、钾、锂，还有锶。"

"对！"本生叫起来。

他把白金丝固定在座子上，就往分光镜的窥管跟前跑。他看见的情景是这样的——

所有的明亮谱线，条条都在自己的位置上独立地放光。其中最亮的是钠的两条黄线。不过钾的紫线、锂的红线、锶的蓝线，也都在这条很宽的彩色光谱各处清清楚楚地放着光。

好像我们在人丛中找人，找到这人的头，就找到了人一样，现在从混合物里寻找其中所含的各种元素，也只要凭着各元素的白热蒸气所发出的光线，就能找出每一种元素来。这是因为三棱镜会把各种元素所发的光线分开，使它们分别射到各自的位置上，因而没有一种颜色能把别的颜色掩盖掉。

基尔霍夫和本生可以彼此祝贺了。他们已经达到了自己所定的目标，把一种对物质进行化学研究的新方法——光谱分析术——搞成功了。

白昼点灯，大找特找

日子一天天过去。静静的金黄色的秋季，把海得尔堡的花园打扮得十分漂亮。环城一带多林的丘陵上，一眼望去尽是各种浓淡的红色与黄色，看去真像光谱上的红、黄部分。空气清新而微有寒意，正是郊游的大好季节。但本生和基尔霍夫现在不再把时间消磨在漫长的散步里了。他们埋头在实验室里，热烈而愉快地工作着。

他俩手里的工具可神奇了，既轻便，又简单，像童话里说的那样，揭露着世界的秘密。难怪这两个好朋友一用上这工具，就不断获得新发现，高兴得连疲倦都忘记了。

若问分光镜这种仪器精巧、灵敏达到了什么程度，可以说，连那能够衡量细沙的最复杂、最精确的天平，在它跟前，也显得又粗又笨。

你知道本生灯里只要落进多么少的一点钠，分光镜中就能出现那对黄线吗？

你也许以为只要 1 克，0.5 克，1/100 克，或 1/1000 克，也就是 1 毫克吧？

你错了！一小粒钠或钠盐，只要质量在 1 毫克的 1/3000000 左右，就足够让灯焰向分光镜里放送黄光了。

1 毫克的 1/3000000，你想象得出这是多少吗？

假如一杯蒸馏水里溶解了 1 克重的一小撮食盐。你把这杯溶液倒进一只容量约为 5 升的小桶里，加满清水，使它稀释。再从这个桶里舀出一杯，倒进一只容量约为 50 升的大桶里，加满清水，再使它稀释。搅匀以后，从这里取出一小滴来。这一小滴所含的钠盐，就大约是 1 毫克的 1/3000000。

可是这一点点钠，虽然少到了难以置信的地步，分光镜还是能够把它查出来！

这就难怪夫琅和费跟他以后的科学家，总能在各种灯焰的光谱里找到黄线了。那些黄线都是钠产生的！因为灯芯、蜡烛、油里，以及无论什么地方，三百万分之几毫克的食盐总是有的。

钠会从各处钻进火焰。本生用手指去触碰极洁净的白金丝，即使只接触了 1 秒钟，也已经足够使食盐悄悄地过渡到白金丝上了。因为人的皮肤上随时都有汗，而汗里就有食盐。本生一把白金丝送进灯焰，光谱中就出现黄线，便是这个道理。

只要把一本蒙上了灰尘的书在离本生灯不远的地方，啪的一声合起来，那无色的灯焰里，马上就会有些黄色的火星儿飞过去，而“铁面无私”的分光镜就要用黄线来报告钠盐的出现。

若问，书里的钠是从哪儿来的？可以说是从海洋上来的。

海风卷起含盐海水的极细水沫，把看不见的钠盐微粒，吹到几千公里外的大陆内地那么远。这些极细的微粒，同尘埃一道在空中飞舞，到处降落。所以只要有一点儿灰尘吹进本生灯焰，分光镜就报告有钠。

本生和基尔霍夫查出，人的周围是一个“很肮脏”的世界。几乎每一种物质，不管它多么干净，里面都含有“脏”东西。有些物质看上去好像很干净，也不会含有什么外来的杂质，可是分光镜会揭穿它们的“假面具”而报告说：

“有杂质。虽然很少，可能只是 1 克的千万分之几或百万分之几，甚至更少，可仍然是杂质。”

像猎狗能够凭着刚能闻到的气味搜寻逃犯一样，分光镜也能在最令人意外的地方发现各种物质的极细微的痕迹。光谱上的明亮线条好像在对两位科学家说：

“这里有钠。此外还有钾、锶、钡、镁，以及你们在这里万万想不到的许多别的元素。”

有一天，基尔霍夫一大早来到实验室，被本生的一句话吓了一大跳：

“我找到锂了，你猜哪儿找到的？烟灰里！”

在这天以前，人们都把锂这种和钠、钾同族的最轻的金属，看成世界上一种极稀少的元素。因为人们只在三四种矿物里查出过它，而这三四种矿物，地球上又只有很少几处地方偶然才能找到。现在忽然在普通的烟灰里也找到了锂！怎样找到的？利用分光镜找到的。

而且不止烟灰里有锂！本生和基尔霍夫现在差不多天天都

能从某一新地方找到锂。

譬如，普通花岗石里有锂；大西洋的咸水里、河水里、极清洁的泉水里，处处有锂；茶里、牛奶里、葡萄里、人的血液里、动物的肌肉里也有锂，甚至在流星这种太空飞来的稀客里也找到了锂。

有了分光镜这种锋利的武器，本生和基尔霍夫一连进行了几个星期的猎取元素的工作。开始的时候，他们最喜欢从手头已有的各种石块或化学试剂里去发现大量隐藏在内的各种元素。但这种猎取，很快就失掉了吸引力。他们的思想前进了一步，现在是一心想着要发现从来没人知道的新元素了。

实际上，也真有些元素说不定隐藏在什么地方，它们一直没有被化学家发现，是因为它们在自然界出现时分量极少，化学家往往忽略了它们的存在。现在一处地方的物质，哪怕少到 1 克的百万分之几或十亿分之几，分光镜也能查出来。那这两位科学家为什么不用分光镜来寻找这类未知元素呢？而他们俩，特别是本生，也真的“白昼点上灯”，找起未知元素来。

但在这场热火朝天的寻找中，忽然发生了一起惊人的事件，使他俩暂时把新元素忘记得一干二净。

这件惊人事件的主角就是太阳光谱上的黑线——夫琅和费线。

日光和石灰光

有一天，基尔霍夫对自己的同事说：“本生，你知道我老是在想……”

“老是在想新元素，是不是？”本生打断他说。

“不是，真不是，我是在想夫琅和费线。它们到底表示了什么呢？为什么明亮的太阳光谱会全部被那些黑线弄得花花搭搭的呢？许多东西咱们都解释清楚了，可是这些黑线是从哪儿来的，还没弄明白。”

“对，是这样。不过说实在的，我现在对新元素兴趣更大。”

“不，你想想，本生。钠的黄线和太阳光谱上的黑线 D，总是占着同一位置，这到底为什么？我认为这绝不是巧合，它们之间一定有联系。”

这次谈话以后，遇到第一个晴朗的日子，基尔霍夫就仔细研究起太阳光谱来。他老早就在分光镜里配上了一把有刻度的标尺，所以现在每一条谱线总是出现在标尺的一定度数上，绝不会被错认成别的谱线。

直射的太阳光线涌进了平行光管的管缝。三棱镜后面展开了一条又大又亮的连续光谱。光谱上一条明线也没有，只见一段段不同的颜色慢慢地从一种变成另一种。一些短短的、黑色的夫琅和费谱线，像栅栏一样，横断在光谱的明亮背景上。基尔霍夫在标度上找到了黄色钠线的度数；钠线本身呢，这里当然找不到，在钠线的度数上，出现的是一条很粗的黑线——双线 D。

接着，基尔霍夫遮住了日光，在平行光管的管缝前摆上一盏本生灯，并向灯焰里送进了些钠盐。现在凑到管口窥看时，那色彩斑斓、华丽悦目的太阳光谱不见了，代替它的是一对黄线。

这时候，基尔霍夫的脑海里出现了一种有趣的想法，跟着就做出决定说：

“我现在要把日光也送进缝里去。我要在同一时间，把本生灯放在平行光管前面，又让日光也照进管里。看看两种光谱彼此重叠的情形，一定很有趣。”

为了让明亮的日光不致完全掩盖钠的火焰，他在日光的进路上安置了一块磨砂玻璃。柔和无力的日光照在灯焰上，再从那里，同白热的钠蒸气所生的黄光一道射进缝去。

这时候，分光镜里是怎样一种情景呢？

分光镜里出现了一条不太明亮的普通的太阳光谱，只有一个特点：钠谱线在夫琅和费线 D 的位置上，照得很明亮。两种光谱果然重叠在一起了。

基尔霍夫把太阳光的亮度稍微加强了点，钠的谱线仍在原处，没有变动。最后，他让太阳的全部直射光线通过钠的火焰射进缝里。

这时候，往分光镜里一看，他不由得惊叫起来。原来明亮的钠线忽然失踪，却有一条较粗的黑线出现在那个位置上。灯焰虽然和原先一样发射着很强的黄光，光谱里钠线的位置上却出现了一条黑黑的缝隙。

基尔霍夫震惊了。

尤其使他惊奇的是，黑线 D 现在是空前的清晰，比平常黑得多，并且比一切别的夫琅和费线看上去都更醒目。可是这时候，白热的钠蒸气所发的明亮光线，由于三棱镜的折射作用，仍旧从灯焰那里朝着黑线 D 的地方飞去。

明亮的钠线会在强烈的太阳光谱的背景上显得比平常更苍白，这，基尔霍夫是一点也不觉得奇怪的。因为灯焰在阳光跟前，是弱得太多了。可是钠线竟完全失踪而变出黑线 D 来，并且这黑线还黑得异常醒目，这就真是一个谜了。

基尔霍夫离开分光镜，沉思着走到窗前，喃喃自语地说：

“好像我们手头就有解答这个有趣问题的钥匙。”

发现本生不在实验室，基尔霍夫就请助手拿出发射石灰光的仪器，摆在分光镜前面。

要产生石灰光，得用两根管子同时放出氢和氧两种气体，再点上火。氢在纯氧里燃烧，会产生高热，把高热的火焰射到纯石灰棒上，石灰就被烧红，发出耀眼的光。

用这种方法来得到光，是英国人德鲁蒙得的发明，所以石灰光又叫德鲁蒙得光。

赤热的石灰，不能像发光的蒸气一样产生一条条的明线，只能产生没有明线的连续而均匀的光谱。这光谱很像太阳光谱，不同的是上面一条黑线也没有。

但基尔霍夫要用石灰光做什么呢？

他要叫石灰光扮演人造太阳。

基尔霍夫决定让石灰光先通过含钠的火焰，然后进入分光镜。因为他想看看钠的黄线在石灰光的连续光谱上会有什么变化：是和在明亮的太阳光谱上一样呢，还是另外一种样子？

一开始，他把石灰光直接射进缝去，不让它先经过黄色的含钠火焰。分光镜里展开了一条干净的连续光谱，上面明线黑线全都没有。

这时候，他就拦断石灰光，把一个饱和了盐的灯焰，推到缝前来了。石灰光谱的黄色部分，马上出现了一条很清楚的双黑线 D。

“人造夫琅和费线原来是这样！”基尔霍夫自言自语地说，“这里面的道理，我好像搞通了。要使光谱里出现黑线，得让光通过另外一种发光的物体，通过一种炽热的蒸气。事情很明显，钠的火焰不但自己发射黄色光线，还吸收外来的黄色光线，也就是来自另一光源的同色光线。钠的火焰会截留它，不让它

进到缝里。石灰光谱上会有黑线出现在外来黄光的位置上，就是这个道理。当然，灯焰本身所生的黄色光线，还能射到这个位置上。但在强烈的石灰光跟前，它就显得太弱了。因此，对我们的眼睛来说，出现在石灰光或日光的明亮光谱上的那个黑黑的空隙，就好像没有受到照明。”

这时候，本生回来了，看出他的朋友十分激动。基尔霍夫呢，见了他就抢着把自己的发现告诉他，话说得又急又没有条理，为了把夫琅和费线产生的情形演给本生看，还一口气把全部实验重做了一遍。

“这些谱线都是我造的！”他说，“现在，实验员先生们可以在实验室里随意制造夫琅和费线了！原来是这么回事！”

太阳的化学

基尔霍夫这天夜里很久都没有睡着。他想了又想，越想得多，就越兴奋，也越不想睡。

第二天早晨，他满脸倦容，来到大学找本生，刚刚赶上本生下课。

“本生，”他连早安都不说一声就开门见山地说到主题，“昨天的发现，我已经想透彻了。它使我不能不得出一条极不寻常的，也可以说是狂妄的结论，连我自己也不相信……”

“什么样的结论？怎么回事？”本生惊奇地问。

“太阳上面有钠！”

“太阳上面有钠！这是什么意思？”

“我是说，光谱分析不但可以用来研究地球上的物质，还可以研究天体。我们凭着光谱上的明线来辨认地球上的物质，至于太阳上的物质呢，凭着夫琅和费线，也可以判断出来。”

这的确是一种真正大胆的、空前大胆的想法：居然要像分析矿物或土块一样，分析太阳和星球！

基尔霍夫的推理是这样的。

太阳的中心是个坚实的极热的核心，核心周围是一圈炽热气体所组成的稀薄大气。射到地球上来的太阳光，是从太阳坚实核心的表面发出的。这种光里，本来含有一切颜色的光线，每一种颜色还含有各种深浅不同的颜色。假如这种光不必在开始的一段路上穿过炽热的太阳大气，那所有的光线就会全部到达地球。那时候，太阳光谱就会像石灰光谱一样，是干净而连续的了。

但在事实上，太阳光在开始的一段路上，必须穿过太阳大气中的炽热气体。这些气体也在放光，可是和太阳那高热而坚实的核心所放的光比起来，它们的光就弱得太多了。因此，太阳上的大气就和基尔霍夫实验室里的含钠火焰有着相同的作用：它会吸收、截留太阳光线的一部分。

那么，它会截留哪些光线呢？——正是太阳大气所含有的那些元素所发的光线。

当太阳光冲出太阳大气，进入较远的宇宙空间时，它已经被削弱了，稀薄了，里面已经缺乏许多种光线了。所以来到地球上，射进分光镜的时候，它就不能产生连续的明亮光谱，而只产生被夫琅和费线所隔断的彩色光谱。

黑线 D 的位置既然就是明亮的钠黄线的位置，所以基尔霍夫相信太阳大气里一定有炽热的钠蒸气往来飞驰。

可是，黑线 D 也许不过是和钠的黄线偶然重合吧。

虽然石灰光的实验说明这里不可能有巧合，我们还是不妨退一步这样想。

但是退一步这样想时，下面所说的铁的谱线的巧合又怎样去解释呢？

基尔霍夫和本生用电流得到了铁的发光的炽热蒸气，并且画出了它的光谱。在铁的光谱上，他们数出了 60 条各种颜色的明亮线条，把这个光谱拿来和太阳光谱对照时，铁的明亮线条，条条都和太阳光谱上的黑线位置相合，而且宽度和清晰度也完全相同。

难道这 60 条谱线也都是偶然巧合的吗？

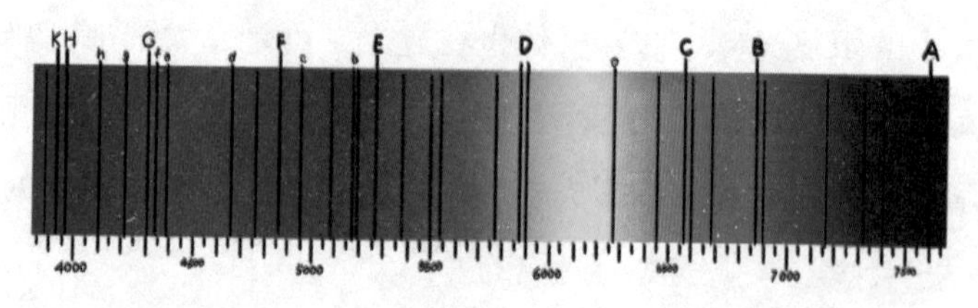

当然不是。

它们是必然要相合的，因为太阳大气里有炽热的蒸气状态的铁，而炽热的蒸气，一般总能吸收自己所发出的各种光线。

除了钠和铁以外，基尔霍夫又用同样方法查出太阳上还有30种左右的其他元素。其中有铜、铅、锡、氢、钾等，都是地球上也有的物质。

这两位科学家本在寻找对地球上的物质进行化学分析的简易方法，却找到了分析太阳的方法。

基尔霍夫在1859年10月20日向柏林科学院寄出了论述自己发现的第一篇报告。没多久，他又寄出了一份新报告，用数学来证明炽热的气体应该有吸收它自己所发出的各种光线的本领。这样，基尔霍夫就用理论巩固了自己的实践。

他同时又顽强地、继续深入地做了几种实验和探究。这些实验和探究，全都证明太阳上也有我们地球上所拥有的最平凡的物质。

关于这种新发现的消息，立刻传遍全球。现在每一位学者都要不断提到基尔霍夫和本生两人的大名了。想想吧：这两位科学家待在地球上，竟能查明远离我们千百万公里以外的天体的组成！

从此，太阳在人类的心目中，就失去了它的大部分神秘性。跟着，其他星球的神秘性也大部分消失了。

铯和铷

1860年5月，又有一封信从海得尔堡大学寄往柏林科学院。

不过这次的发信人，不是基尔霍夫，而是本生。

当基尔霍夫把全部时间贡献给研究遥远太阳上的火一般的大气时，他的朋友并没有忘记地球上的事情。本生一直在寻找新元素。

他把几百种物质——其中有矿物、岩石、盐类、各种水、植物灰和动物的肌肉——送进瓦斯灯焰里或电火花里做实验。而分光镜也不知疲倦地每天向他报告几十次：有钾、有钙、有钡、有钠、有锂……

现在，各元素所生的颜色谱线，本生都了如指掌了。每一条谱线，本生都能不看镜中的标尺，只凭它在光谱上几十条谱线当中的相对位置及它的色调与亮度，就分毫不差地把它认出来。本生只要闭上眼睛，就能像看了图表一样，清清楚楚地想象出任何一种元素的光谱，以及光谱上各种颜色的浓淡及逐渐变化的情形。他夜里做梦也常梦见一些黄的、红的、蓝的、紫的谱线出现在彩色或黑色的背景上。

有一天，本生在这些谱线当中，发现了几条陌生的谱线。

那是他研究杜尔汉矿泉水的收获。杜尔汉矿泉水就是医生们开给各种病人当药喝的、又苦又咸的普通矿泉水。它是随着本生当时所研究的几十种别的物质偶然来到他手中的。

本生一开始是蒸发它，等它浓缩后，才取出一滴，送进灯焰里。

在最初的一段时间里，分光镜没有向他提出任何特别的报告，只是说这里面有钠、有钾、有锂、有钙、有锶。

可是本生不愧是一位精细的分析化学专家，他想："这些物质在杜尔汉矿泉水中既然非常多，那它们的谱线一定过于明亮，加上其中钙和锶的各色谱线条数又多，因此，一滴矿泉水里，如果含有微量的未知元素，它的微弱的光谱可能就无法被分辨出来。必须把钙、锶、锂提取走，不让它们在里面搅和才好。"

于是他把这 3 种元素提取走，使溶液里只剩下钠盐和钾盐和没有提取尽的极少一点儿锂盐。

他从提取过的液体中取了一小滴，送进灯焰里。再往分光镜里窥看时，他的心不由得突突跳起来。

原来有两条陌生的浅蓝色谱线，"谦虚地"躲在他熟悉的钾、钠和锂的谱线当中。

因为怕搞错，本生马上跑去翻阅自己和基尔霍夫所画的那本彩色的光谱图表。可是图表上没有这种记录，任何一种元素的实验报告中都没有这么两条蓝色谱线出现在这个位置上。锶倒是有蓝线，但也只有一条。而这里的蓝线，肯定是两条。至于锶的其他谱线，这里是一条也看不见。

这就是说，这里有了新元素！

本生把这种液体一滴又一滴地送进火焰，这对蓝线总是出现在原处，毫无变动。看着这对蓝线，他猛然想起儿时读过的哥伦布的故事来。那故事讲的是 1492 年，这位西班牙的海军将官乘着一艘平常的、轻快的帆船，向没人去过的海洋进发的情形。

水兵们在船上一连 33 天只看见天连水，水连天。他们的希望，一次又一次地变成了恐惧和失望；他们的失望，又一次一次地变成了希望。最后，那天晚上，哥伦布终于在一望无边的海洋上，突然看见一点极其微弱的火光，忽明忽灭地出现在遥远的西方。

这个从没人知道的陆地上发来的微弱的、若隐若现的信号，曾怎样触动了这位多苦多难的将军的心弦啊！哥伦布立在船头上，腮边流下了感动的眼泪。他竭力用热烈的想象力，来猜测那夜幕笼罩下的秘密。

在那边，那块微光闪烁的未知陆地上，到底有些什么呢？

是大陆呢，还是岛屿？是平原呢，还是高山？那黑暗的夜幕下面，到底隐藏着什么奇迹？很可能，那边有些富裕的城市，里面住着无比美丽、无比强壮的居民，还有金瓦盖顶的房屋和香瓜般大的钻石所砌成的街道。但也有可能，那边只是一片人迹罕至的荒原，仅在荒原边上，有寥寥几家原始居民的茅舍。

当时谁敢说到底有些什么隐藏在鬼火后面那片神秘的陆地之上呢？

同样，现在谁又敢说，是什么样的未知元素躲在杜尔汉矿泉水滴中，发出两股晶莹的天蓝色光线呢？

海得尔堡化学家本生，跟这位多愁善感的海员哥伦布，并没有一点相似的地方。他从分光镜里观察那未知元素所发的信号时，眼眶里当然没有泪水。然而就是他这样坚强的人，在那时刻，也体验到了一种强烈的幸福感—— 一个人在即将见到一种期待已久的发现时所应有的幸福感。

本生决定给这种新元素起名叫铯。铯的拉丁文就是天蓝的意思。

铯的踪迹是可靠的了。现在只剩下跟踪、寻找这发出蓝色光线的物质本身。应该把它从混合物里提出来。应该析出它的纯态。应该观察它到底是种什么样的东西。

可是这些事做起来却很费事。杜尔汉矿泉水中所含的这种新元素，分量是少到了极点。一杯这种水里所含的铯，不过1/40000 克。本生要是想弄到一些铯，放在实验用的杯子里，即使只想弄一二十克吧，也得坐下来，用一辈子的时间跟杜尔汉矿泉水打交道——蒸发它，用种种化学试剂处理它。

但本生没有用这样笨拙的方法去做。他知道离海得尔堡不远的地方有一家制造苏打的化工厂，那里有的是大锅、大池、大炉灶和机器唧筒，于是去找工厂老板商量。结果，他们只花了几个星期的时间，就帮他蒸发好了，按照全部化工规程处理了矿泉水 44000 升。

44000 升，真不能算少，可是本生从这么多的液体里只提取了纯净的铯盐 7 克。不过同时，他又发现了一种新元素！

全部经过是这样的。本生是一步步把铯弄到手的。他把矿

泉水里的其他元素，一步一种，两步一种，三步一种地提取了出去，到最后，混合液体里就只剩下了铯和钾的两种盐。当他把钾盐也一点一点地冲洗掉时，分光镜发出了意外的信号：混合液的光谱上先出现了两条新的紫线，跟着又出现了几条绿线和黄线，最后是几条暗红线，却特别清楚。

原来还有一种新元素，隐藏在杜尔汉矿泉水里！

算来这已经是第 59 种元素了。本生给它起名叫铷，铷的拉丁文是暗红色的意思。在本生处理的全部杜尔汉矿泉水中所找到的铷，居然比铯还多点——足有 10 克！

又是“烈性”金属

7 克和 10 克——这么一点备用品，的确不多，可是在本生这么精细的化学家手里，它已经完全够用了。

他想尽方法，用这 17 克物质得到了铯和铷同一些“老”元素结合而成的许多种化合物，又研究了新化合物的一切性质，如：它们是怎样的滋味；它们在水里是否容易溶解；它们的结晶体有多大；得加热到多么高的温度，才能使它们熔化；等等。

至于铯和铷本身，原来跟戴维发现的出名的“烈性”金属钠、钾以及它们的三弟锂，都非常相似。

铯和铷都是很轻的银色金属，只比锂、钠、钾稍微重些。铯和铷也是蜡一般软，甚至比钠、钾还要软些。它们也能在空气中燃烧而变成苛性碱，也能在水面上着火，发出爆响，往来乱窜，比起钾、钠来，甚至还要乱窜得凶些。最后，也跟钾、钠一样，它们只能保存在纯煤油里。

铯和铷的氯化物，外形和普通食盐（化学家叫作氯化钠）毫无区别，就是最有经验的厨师，也会毫不迟疑地把它当盐使用。

铯和铷的硝酸盐，很像普通硝石（化学家叫作硝酸钾），所以也是制造上等火药的原料。

苛性铯和苛性铷这两种碱，摸起来都是滑腻腻的，尝起来也都有肥皂味儿，很像苛性钠或苛性钾。就是最有经验的肥皂制造商，也看不出它们之间的区别，会心安理得地用它们来制肥皂。

说实在的，用它们做成的肥皂也不赖，就是价钱太贵，每块的成本要高到 500 金卢布。

几句插话

有些读者，可能早已提出问题了。

“好吧，基尔霍夫和本生完成了一些惊人的发现。他们发明了光谱分析术，查出了太阳的成分，找到了两种稀有元素，它们的化合物可以用来制造肥皂和火药，如果不嫌它们比黄金还贵的话。可是所有这些发现，都有什么意义呢？它们给技术和工业带来了什么好处呢？”

好处是有的，不过也不是马上就有。伟大的科学发现，不一定立刻给人带来实际的利益。但到最后，它们肯定是要开花结果的。而且有时候，还要在人们最想不到的地方开花结果。

当本生在杜尔汉矿泉水里查出稀有金属铯的时候，谁也想不到后来会在电视里应用到这种新元素。当时不能这样想，是因为那时还没有电视接收机，岂止没有这，连简单的无线电报机也没有。可是现在电视机里要用光电管，而要制造光电管，就得用铯。

当基尔霍夫和本生把分光镜对准太阳或瓦斯灯焰时，他们绝想不到后来飞船制造者会应用他们的光谱分析术。原因之一当然也是那时还没有飞船。可是过了几十年，海得尔堡科学家工作的种种成果，对于航空学家竟非常有用。后面有一章，将告诉你们这是怎么回事。

再说，由于分光镜的帮助，人们后来又学会了制造耐用的电灯泡。这一点，基尔霍夫和本生当时也没有想到。在 1859 年，世界上还没有电灯泡，无论是易坏的还是耐用的，全都没有。可是后来正是由于光谱分析术的帮助，人们才学会了怎样来延长灯泡的寿命。乍一听，这儿好像不可能有什么因果关系，可是耐心读下去，就会知道这里面还是有关系的。

基尔霍夫和本生两人的发现，对技术和工业做出的贡献已经多到数都数不过来了。

太阳元素

不久，到处有人出来模仿基尔霍夫和本生。

利用分光镜发现了好几种未知元素的消息，让许多化学家激动起来。科学实验室纷纷装上了这种攻克太阳和水滴难题也同样有效的新武器。化学家们纷纷把各种各样的物质送进灯焰里去燃烧，查看它们的光谱，从而寻找新元素。

既然大家都在找，当然也就找到了。

1861 年，英国人克鲁克斯从一家化工厂里弄来了些特别的淤泥，一些沉淀在制造硫酸的铅室底部的东西。在这种淤泥的光谱上，克鲁克斯发现了一条陌生的绿线。

这样就找到了元素铊—— 一种重金属。

过了两年，德国化学家利赫杰尔和莱克斯又在一种锌矿的光谱里发现一条新谱线，颜色蓝得和蓝靛一样。产生这种谱线的元素，名叫铟（铟的希腊文就是蓝靛的意思），也是一种白色的金属。

5 年以后，科学家又发现了一种未知元素的踪迹。不过这一次的发现人不是化学家而是天文学家。那新谱线也不是在地球物质的光谱里找到的，而是在太阳光谱里找到的。

事情发生在日食的时候。法国天文学家让逊和英国人洛克尔把分光镜对准太阳，结果在平常出现钠的黄线的位置旁边，找到了另外一条明亮的黄线。

日食的时候，发光的日面整个被月亮遮住，只有最外面几层炽热的太阳大气露在黑色月影外面，还能自由无阻地向地球射来一点微弱的光。这种光的光谱，完全不像那有着夫琅和费黑线的普通太阳光谱。那条陌生的黄线，就是让逊从这种特别的太阳光谱上找到的。

但这条黄色的谱线是由什么元素产生的呢？

谁都知道，太阳是不可能放进化学烧瓶里加热，也不可能送进工厂锅炉里蒸的！

因此，科学家们谈到让逊的发现时，只能说出一句话："太阳上有一种未知元素，那是我们在地球上从来没遇见过的。"除此以外，再也没有可说的了。所以人们就给这种元素起名叫氦（氦的希腊文就是太阳的意思）。名称虽然有了，若问氦到底是种什么东西，形状怎样，性质怎样，那就谁也答不上来。

然而太阳物质的谜，要是能够猜破，不也很有趣吗？要是能够知道它很像地球上的元素，或者跟地球上的物质完全不同，那的确很有意思。可是这个问题的答案，难道必须等到人能乘火箭上太阳以后，才找得到吗？

那也不见得！氦的秘密，也许等不到你们读完这书，就展开在你们面前了。

不过现在要请你们先听一听俄国的著名化学家门捷列夫在自己的书桌上发现了几种新元素的故事。

他从来没有肉眼看见，或在分光镜里看见那些元素，他仅仅是凭着高瞻远瞩的智力，就发现了它们。

第四章 •••

门捷列夫的周期律

化学的迷宫

门捷列夫

1867 年，圣彼得堡大学聘请青年化学家德·伊·门捷列夫来校担任普通化学教授。在全国第一流的大学里讲授化学的基本课程是种崇高的荣誉。为了不辜负这种荣誉，这位 33 岁的教授决定尽自己的力量做好工作。

门捷列夫开始勤勤恳恳地预备讲义。他埋头在书刊里，他找出了自己在求学时代和研究活动中多年积下的札记、笔记和著作，又把自己淹没在世界各国千百位化学家在许多年里所查出的事实、所做过的实验、所建立的法则的海洋里。他手头的资料，用来编写一部大学教程已经绰绰有余了。可是很奇怪：门捷列夫对于这门科学，虽然早已十分熟悉，但现在钻进这座科学丛林越深，他却越糊涂。

秋天，他开始上课了。他讲课轰动一时，极为成功。当时的大学生们涌进他的课室听课，就像如今的大学生们涌进礼堂去听外来名人的演说。听课者里面，有从其他学系来的——学法律的、学历史的、学医的，还有从别的学校来的。有人在上课以前就老早占好座位，有人就站在过道里，或成群地挤在门口和讲台旁边。一个在大学讲课的老师是少有这么受人欢迎的。

但是门捷列夫的心灵深处，一点也不满足。

他开始编写一本内容丰富的新著作《化学原理》。因为有讲课的速记做初稿，他写起来很方便、很快速，大学生们也迫不及待地等候着这部巨著的出版。然而连这本书也不能使门捷列夫很满意，因为它并不像他当初想的那么好。

现在，对门捷列夫来说，化学科学真好像是一座没路的密林。有时候，他真觉得自己是在这座丛林里从一棵树走向另一棵树，只对每一棵做些个别的描写，而这里的树却有千棵、万棵……

那时候，化学家所知道的元素一共有63种。每一种都要和其他物质化合而成几十、几百，甚至几千种化合物，如氧化物、盐、酸、碱。化合物里，有气体、有液体、有晶体、有金属；其中有的没有颜色，有的闪闪放光；有的气味强烈，有的没有气味；有的硬，有的软；有的苦，有的甜；有的重，有的轻；有的稳定，有的不稳定。就没有一种和另一种完全相似。

然而组成世界的形形色色的物质虽然如此繁多，化学家们却已经把它们研究得十分详细了。

他们几乎对其中的每一种都知道得很详细。他们确切地

知道怎样来制备其中的任意一种和用哪一种方法来制备它最经济。他们已经测定了每一种结晶体的颜色、形状、密度、沸点、熔点等，并且把它们写到了教科书上和手册上。他们还研究清楚了热和冷、高压和真空对于每一种化合物会起怎样的作用；检查明白了每一种化合物会怎样和氧或氢起反应，怎样和酸或碱起作用，怎样彼此化合，怎样分解和怎样再生成，以及这时会产生多少热……

这化学物质的无数性质，可以讲述几个星期、几个月，还讲不完。可是这样枝枝节节地讲得越多，听的人对于化学的认识可能反而越少。因为在这片混乱的天地里简直没有一点统一性，也没有任何系统性。难道组成世界的这些材料当真是漫无秩序、极其偶然地凑在一起的吗？

门捷列夫想在大学生面前展开一幅描写物质的统一的、逻辑的图画，想给他们指出宇宙的物质构造所凭借的几条重要法则。可是他在自己所喜爱的这门科学里，竟找不出一点儿统一性和逻辑性来。

的确，这许多千差万别的物质，也可以简化成数目不多的一些基本物质——元素。可是这几十种元素里面，就存在着混乱、无秩序和偶然性的萌芽了。

我们知道，金属镁比碳更容易燃烧，又知道白金可以放置几千年不起变化，而气体氟却十分容易发生化学变化，连玻璃容器也会立刻受到它的腐蚀作用。可是为什么会这样，我们毫无所知。这里看不出任何的规律性！好像即使这些元素具有完全相反的性质，譬如白金会腐蚀玻璃，而氟是一切物质中最“柔顺”的，化学家们也不会表示一点儿惊讶。

每一种元素和它所具有的一切特殊性质，都好像是物质的偶然表现。看来在物质的一切初级形态——元素——之间，或至少在其中大多数之间，并没有一点儿亲缘关系。

大多数化学教授对于这种情形一点也不觉得别扭。他们认为：“既然物质世界没有任何自然秩序，那么，要讲元素，就按着自己认为最方便的顺序来讲好了。”他们一般都从氧讲起，因为氧这种元素在自然界分布最广。另有几位，觉得应该从氢讲起，因为氢在元素中分量最轻。但也有理由从铁讲起，因为它是元素中最有用的；从金讲起，因为它是元素中最贵重的；从最少见的铟讲起，因为它是最“年轻”的，刚发现的。

面前既然是一座杂树丛生、毫无秩序的密林，那你从哪儿起步往里走，不都一样吗？反正走不上两步，就没路了。

可是门捷列夫却不愿意盲目地在这座迷宫里面漫步。

他在准备大学课本《化学原理》的时候，就在坚决地寻找一般的规律，寻找一切元素都要服从的自然秩序。他深信这样的规律是存在的，是应当存在的。他深信元素虽然有种类的不同，可是元素与元素之间一定隐藏着某种统一性。

于是他就千方百计去寻找这种规律性或统一性。

原子量

说实在的，也用不着有多么高的智慧，就能看出存在于某些元素间的极大的相似性。

双胞胎元素，三胞胎元素，并不仅是戴维和本生所发现的“易燃”金属那一族里才有。化学家们早就知道此外还有几个相似元素的族，例如包括氟、氯、溴、碘的卤族，包括镁、钙、锶、钡的碱土金属族。

门捷列夫呢，却肯定地认为这种现象绝不会是偶然的。一定有某种内在的依从性，某种联系存在于一切元素之间。一切的元素里面，应该毫无例外地有着某种特征，既决定它们之间的相似，又决定它们之间的差别。知道了这点以后，就可以把所有的元素连同那不计其数的它们的化合物，全都排成十分整齐的行列，像按照个子高矮把兵士排成一队一样。

那么，决定元素在物质行列中的位置的，到底是什么样的基本性质，或关键性的特征呢？

也许是物质的颜色吧？

可是，应该怎样来认识元素的颜色呢？譬如磷吧，有黄磷，有红磷。磷的本来颜色究竟是红的，还是黄的呢？又如碘，固体的碘是深棕色，还有金属的光泽，可是对它一加热，固体的碘就变成紫色的蒸气。又如黄金，如果把它打成极薄的箔，它就变成蓝绿色，透明得像云母一样。

不，颜色显然是一种太不稳定的次要性质，它不能作为决定元素间自然次序的标准。

那么，也许是密度[1]吧？但这种性质更不确定：一种物质只要对它稍微加点热，它的密度就起变化，使它相对地变轻。

根据同样的道理，元素的导热性、导电性、磁性及许多其他性质都不合用。

很显然，像每个人有张特殊的脸作为他的标记一样，每一元素也应该有一种更根本的特征作为它的标记。这标记应该永远不起变化，没有它时，连元素本身也无法想象。这种重要而不可缺少的标记应该有个特点：即使这元素和别的元素化合而成新的化合物，具有了新性质，也不会失掉它。

真有这样的标记吗？能有这样的标记吗？

这个问题老是萦绕在门捷列夫的心头，使他不断地思索着，盘算着，比较着。

是的，是有这样的标记，是有这样的特性。门捷列夫知道它，所有的化学家也知道它。可是很少有人重视它。

它就是“原子量”。

每一种化学元素都有它自己所独有的原子量，从实验中得出来的原子量是一定的，绝不会变的。不管物质的冷热，也不

---

[1]　密度就是一种物体的质量对它的体积的比，一般用1立方厘米含有若干克来表示的。水在4摄氏度时的密度为1克/厘米^3，因此密度的数值又表示某一物体的质量是同体积水的质量的几倍。在15摄氏度时铁的密度是7.8克/厘米^3，意思是说，1立方厘米的铁的质量是1立方厘米水的7.8倍。

管它是物质的黄色变种，还是红色变种，它的原子量总是相同的。原子量无论在什么时候，无论在什么条件下也不改变，它是元素的“身份证”。

一种元素的原子量告诉我们，这种元素的每一个原子（也就是它的每一个最小的粒子）比起最轻的元素氢来，重多少倍[1]。例如，氧的原子量是16，这就是说，任何一个氧原子都比氢原子重15倍；金的原子量是197，那就是说，金的原子要比氢原子重196倍。

原子量决定着组成每一元素的最简单的微粒——原子——的大小[2]。

同一元素的所有原子都是绝对一样的。任何一种元素的每一原子和任何另一元素的每一原子间的分别，首先就表现在大小上、质量上。至于元素的其他一切特性，显然都应该由这一基本特征来决定。

---

[1] 周期律发现后差不多过了50年，才查出一种化学元素的原子不一定都是一样重。许多元素都有变种，也就是所谓的同位素。有的同位素的原子比较轻，有的比较重，但它们的化学性质都相同。例如：自然界中的氧，如果有100000个同位素是氧-16的原子，就有40个同位素是氧-17的原子，200个同位素是氧-18的原子。最轻的元素氢也有两种同位素，氘（原子量为2）和氚（原子量为3）。自然界中的氢有100000个原子量为1的氢原子，就有15个原子量为2的氘原子。至于氚这种氢的同位素，因为有放射性，所以在自然界中遇不到。一切元素的原子量都是由两项条件决定的，一项是它的同位素的原子量，另一项是这些同位素在自然界互相混合的比例关系。

[2] 现在人们已认识到原子并非是最基本的粒子，而由原子核和电子组成，原子的大小通常用原子半径来描述，指原子核中心到最外层电子的距离。——编者注

这个结论是门捷列夫把一切元素的性质仔细比较以后得出来的。他看出了、猜到了——根据这一重要的特征，就能摸索到使元素有相似和不相似之分的规律。能够帮他找到物质世界的统一性与规律性的那把钥匙已经找到了。只要善于利用它，问题就解决了。

然而引他来到这里的线索是模糊的、令人迷惑的。为了不迷路，为了清清楚楚地看出元素间的联系，门捷列夫用厚纸板切成了 63 个方形卡片，在每一卡片上写下元素的名称、重要性质及原子量。然后“玩”起这副纸牌来，摆起元素的“牌阵”来。换句话说，他把这些小方块一组组地摆起来，变换它们的位置，寻找一般的规律性，寻找一切元素共同遵守的统一的法则。

无论是白天或夜晚，在讲台上或在实验室里，在街上或在家中书桌边，他随时都在想着这个元素的自然系统。

元素在队伍里

1869 年春季快来的时候，元素的自然系统已经排好了。后来门捷列夫又深入研究了表中的一切细节，向俄罗斯理化学会提出了报告。他的发现大致如下：

所有的化学元素可以排成一个自然的行列。这个行列以原子最简单的最轻元素氢为排头，它的原子量为 1，以原子最重的金属铀为排尾，它的原子量为238[1]。至于原子量逐渐增大的一切其余元素，可以按“年龄”排在排头与排尾的中间。任何一种元素的所有性质，譬如它的外形，它的稳定性，它和其他物质化合的能力，以及它的所有化合物的性质，都是由它在这个行列中所占的位置来决定的。

这也真是有趣——按照原子量排列的那么多元素又会自动形成一些互相类似的组，或同类元素的族。

打个比方，有一群高矮不同的人，穿着颜色不同的外衣。乍看时，这里的一切都是偶然的、漫无秩序的、花花绿绿的。可是，一声口令，叫大家严格按照高矮站队，这时候就出现了一种意外的巧合：队伍按高矮排好后，花花绿绿的现象也就自然消灭。现在人们的服色按照一定的顺序重复了。头7个身量最小的人，依顺序穿着红、橙、黄、绿、青、蓝、紫色的衣服；第二批7个人的服色也是这种顺序；第三批、第四批，直到末尾身量最大的7个人全都这样。

每隔7个人，服色重复1次。如果让第二批7个人排在

[1] 除了铀-238以外，自然界中还有两种铀的同位素，它们的原子量是235和234。少到同位素铀-238的1/140的铀-235，在原子能的释放上起着重大的作用。如今，铀已经不是化学元素行列中的最后一个了。

第一批 7 个人的后头，第三批、第四批的 7 个人也都依次往后排，那么，以前那花花绿绿的一群人就分别排成了红、橙、黄色等 7 个小队。而同时，这整个大队又都是严格按照身量的高矮看齐的。换句话说，前排左边那人身量最低，后排右边那人身量最高。

门捷列夫把元素按原子量排列的时候，他在元素当中发现的次序就和上例大致相仿。

元素们的性质，每隔 7 个元素周期地重复出现一次。类似的元素总要“鱼贯”地排成一小队或一族。

例如，原子量为 7 的轻元素锂是紧跟在氢后面的第二个元素；原子量为 23 的钠是氢后第九个元素，它和锂一样，也是金属，也很轻，也那么活泼、易燃，也那么容易和别的元素化合；原子量为 40 的钾，是第十六个元素，它也是轻而易燃的金属。此后，每经过一个有规则的间隔或周期，就有一种碱金属自动排到这一族里来：先是铷（原子量为 85.5），后是铯（原子量为 133）。

在这族最轻的金属中，元素的性质是逐个衍变的。锂最轻，同时也最“安静”：它落到水里，只发热，发咝咝声，可并不像钾或铯那样着火，锂在空气里也比它的同族兄弟们锈得慢些。钠呢，比锂更活泼，而钾还要活泼些；行尾那个最重的铯，就比无论哪一个弟兄都更容易跟别的物质化合。铯在空气里，简直一秒钟也不能待，立刻就要自己燃烧起来。

一切元素都要分成类似的多少有着亲缘关系的组或族。而且每一族里的元素的性质，乃至它们的无数化合物的性质，都要按照严格的顺序而逐渐衍变，也就是说，随着原子量的递增而渐变。

这样，那乍看好像杂乱无章的物质世界，就显出了惊人的统一性。外在的多样性似乎是偶然的，门捷列夫已经看出了这些元素们内在的一致性，铁一般的规律性。于是他给这种规律性取名叫周期律。

是化学还是相术

在门捷列夫以前竟没有一个人看得出元素间的这种自然联系，这不奇怪吗？

乍一看，好像这里并没有什么奥妙：只要按着原子量的大小把元素一个接一个地写下去，周期律就自动出现了。这事做起来，好像是十分容易，容易得跟按照字母的顺序来排列元素差不多！这么简单的一件事，怎么除了门捷列夫以外，别的化学家就谁也想不到去试一试呢？

是的，别的化学家也曾尝试过。不过尝试之后，能够发现周期律，并且利用它来进一步发展科学的，却只有门捷列夫一个人。因为事实上，这件事并不那么简单。

元素间的真正关系，其实是乱成一团，极难理出头绪的。打个比方，它好像是译成了“密码”似的。要认识这种复杂的化学密码，非要有极高的智慧、极丰富的想象力不可。

设想有位侦察员，得到了一份重要的密码文件及其中密码的解法。他迫不及待地阅读这份秘密文件。可是，当他开始翻译的时候，却发现自己被骗了，他得到的那种解法并不合用。其中有些符号显然顺序搞错了，还有些根本找不到：31 个字母本来应该有 31 个符号，解法里却只有 25 个或 20 个符号。假定第一个符号代表 A 吧，第二个符号应该代表 Б 呢，还是 Г 呢？实在没法猜测。这些空白或缺少的符号使全部解法变得毫无用处，因为下面那些符号究竟代表什么字母，就全都无法确定了。

门捷列夫在发现周期律的时候，所遇到的困难正和上述的情况完全相同。

他按着原子量把元素排列起来，但他不知道有哪几种元素的原子量没有算准确。由于当时的研究方法，错误是免不了的。可是那些错误在许多年后才查出来，门捷列夫当时实在无从知道。于是这样的元素就带着假的“身份证”站在门捷列夫的“牌阵”里，并没有站在应该站的位置上。这样一来，元素的自然顺序被歪曲了，那些由相似的元素所排成的族遭到了破坏；各族的内部，由于“外来人”的闯入，乱成一团糟。

“缺少的密码”所引起的混乱还要大些。门捷列夫所知道的元素只有 63 种，但他无法知道自然界中还有什么样的元素没被查出来。拿我们提过的穿了彩色外衣、按着身量排队的那一些人来说，设想有 5 人或 10 人在排队以前偷偷离开了队伍。

那时候，一切排序都要搞乱了，各种颜色会掺杂起来，使原来井井有条的交替现象不再出现。在元素的行列中也会出现同样的情形。

门捷列夫要把所知道的那些元素排成一张表是很不容易的。那些元素往往会像没有受过训练的新兵一样拥挤在一起，破坏了队形。这就使门捷列夫不得不凭着自己的才能，强迫它们站到各自真正的位置上，遇到发生混乱的地方，他就要毅然决然地出来维持秩序。

例如：站在 4 号元素硼和 11 号元素铝下面的是 18 号元素钛，它们中间隔着 6 个元素，是一个完整的周期，这好像很有规律。但是就性质来看，钛在硼和铝这一族中，显然是个“外路人”，它的位置应该是在隔壁的碳族里，于是门捷列夫决定把钛从第十八位上挪开。

“这里应该是一个未知元素站队的地方，这未知元素应该像硼和铝！”他肯定地说。

于是门捷列夫就在这里留下一个空格，跳过这个空格，钛就站在与它有亲缘关系的碳族中了。钛以后的元素呢，也都可以按着原子量递增的顺序一个一个往下排，不致乱插队了。

门捷列夫就利用这样的空格，强迫各种元素站到表中各自应站的位置上，免得破坏周期律。

可是，门捷列夫也没有让这些空格成为完全的空白点，他往里面填进了些自己臆造的新元素。

他给它们定名为埃卡硼，也就是硼加一（埃卡在梵语里是

“一”的意思），以及埃卡铝、埃卡硅。他又预言他自己臆造的这些谁也不知道的物质，会具有怎样的性质，他甚至说明了它们的形状、原子量以及它们同别的元素化合而成的化合物。

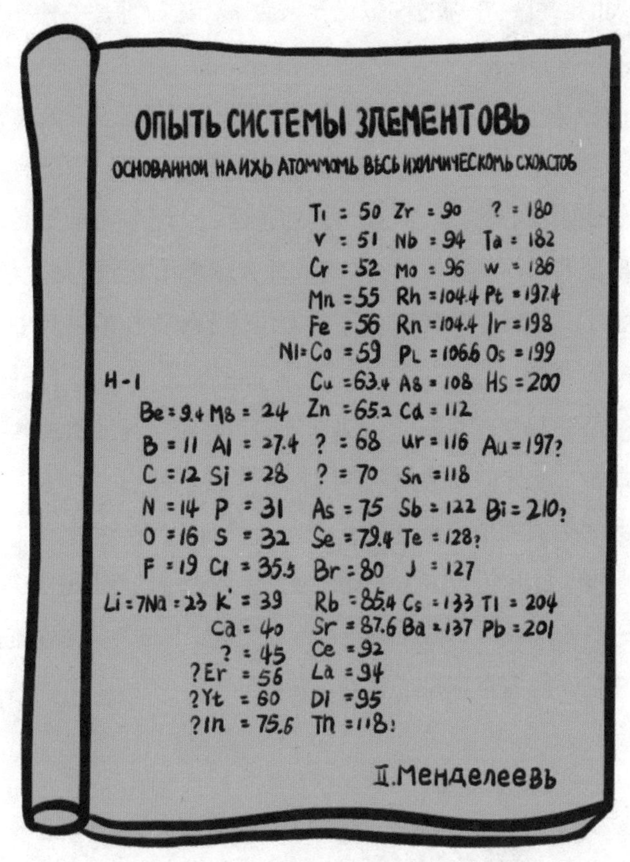

门捷列夫元素周期表初稿（1869年）

说这些预言并不需要什么魔术、什么超自然的能力，因为那些空格里的未知元素并不是孤零零地站在那里的。世界上虽然还没有人看见它们，可是它们既然出现在表中一定的位置上，出现在相似的元素中间，那它们的性质就不难被推算出来。

门捷列夫之所以这样做，是因为他坚信自己发现的周期律是正确的。可是在别的许多化学家看来，这简直是一种狂妄的行为。

“臆造一些不存在的元素，并且硬说这些元素具有怎样的性质，还把这一切都收罗到精密科学的课本里！所谓精密科学，只限于谈实在的物质、触摸得到的东西、无可争辩的事实。现在把杜撰的东西也收罗进去，那成什么玩意儿了？那是化学呢，还是相术？是科学著作呢，还是为预言未来而作的解梦书或解释预兆的书呢？”

大多数科学家，对于门捷列夫的自然系统和他所预言的元素，都做了这样的或类似这样的批评。

只有事实能够说服怀疑派。

但是，好几年过去了，门捷列夫周期表中的空格还是空着，只有一些幽灵般的、臆造的元素待在里面。谁也不重视它们了，更糟的是人们简直忘掉了它们。

预言陆续应验了

1875年9月20日，巴黎的科学院召开例会。孚兹院士上台做了报告以后，又代表他的学生布瓦斯博德朗请求现场拆阅一包三星期前由他转交科学院秘书的文件。文件拆开了，里面有封信，是布瓦斯博德朗写的。于是他当众宣读信的内容。

“前天，1875 年 8 月 27 日夜间 3—4 时，我在比利牛斯山中皮埃耳菲特矿山所产的闪锌矿中发现了一种新元素……”信上说。新元素到底来了！化学家们已经很久没有听见这类消息了。

布瓦斯博德朗是一位用光谱分析术来分析化学物质的能手。他花费了好几年工夫才掌握了这种方法。

现在，他那不间断的努力终于获得了辉煌的成就：他“抓”住了一种陌生的紫色光线，那是一种未知元素留下的痕迹。

8 月 27 日夜间，他得到了极小的几滴锌盐溶液，并从里面提出了小到只能在显微镜下看出来的一粒新物质。因此，布瓦斯博德朗不敢立刻把这件事向世界公布。可是为了确保万一有别人也发现了这元素时，他仍然能够保有首先发现的权利，他就赶忙预备了一个有火漆印封的纸包，把有关他的发现的第一则消息，寄交科学院孚兹院士。

这消息是在得到新发现三个星期之后公布的。这时，他手头已积下了整整 1 毫克（1/1000 克）的未知物质。已经可以肯定他的结论没有错误——他手头的物质真是一种新元素了。

于是他建议把这新元素定名为镓，来纪念他的祖国（因为镓的拉丁文是法国古时的名称）。

布瓦斯博德朗信里还写着，他正继续往下研究，有了结果再向科学院报告。不过就在目前，他手头也已有了几点有关新元素的资料可以报告了：按照化学性质来看，镓很像已知元素铝。

当巴黎科学院的会议记录经过遥远的路途传到圣彼得堡的时候，门捷列夫好像听到雷响似的，大吃一惊。

这个法国人在比利牛斯山中掘到的东西，完全不能算是新元素！门捷列夫早在五年前就发现了它：它就是埃卡铝！门捷列夫的预言完全符合实际。一切都应验了，连他所说的“埃卡铝是一种易于挥发的物质，将来一定有人利用光谱分析术把它查出来”，也应验了。

这件事，在那时候的人看来简直就是奇迹。门捷列夫得知自己的预言这样辉煌地变成了现实，也大为震惊。

于是他立刻给巴黎科学院写了一封快信：

“镓就是我预言的埃卡铝。它的原子量接近68，密度在5.9克/厘米^{3}上下。请你们研究吧，再查一查吧……”

全世界的化学家现在都紧张地关注着巴黎科学院的会议记录来，因为这真的太有趣了：一位科学家坐在圣彼得堡他的书房里预言，另一位则在巴黎摆弄他的烧瓶和烧杯，借着精确的测量和实验，证实了那位科学家的预言。

然而他们俩在镓的密度上到底发生了争论。布瓦斯博德朗提纯了一块新物质，为1/15克，已经算够“大”的了，就用它来测定密度，结果得出新元素的密度等于4.7克/厘米^3。

可是门捷列夫在圣彼得堡固执地说：“不对！应该是5.9克/厘米^3，您再查一查吧，您那块物质也许还不够纯。”

布瓦斯博德朗再查了一下，用的是一大块物质。结果他承认说："是的，门捷列夫先生，您没有错，镓的密度的确是 5.9 克 / 厘米^3。"

这是周期律的第一次伟大胜利，接着又迎来了几次胜利。

斯堪的纳维亚半岛上有两位研究人员，尼尔生和克利夫，差不多同时在稀有的矿物硅铍钇矿中，找到了一种新元素。他们给它取名叫钪（钪就是斯堪的纳维亚的意思）。可是还没有来得及着手研究它的性质，立刻就发现：这也是位"老相识"。它就是门捷列夫周期表上的另一空格——18 格——中的埃卡硼！

而门捷列夫最辉煌的胜利出现在 1885 年，德国人温克勒发现又一新元素的时候。这一新元素是在希美尔阜斯特矿山的含银矿石中找到的，所以温克勒给它定名为锗（就是日耳曼的意思）。

这个锗恰好可以填入周期表 32 格，那也是个"空格"，其中暂时的住客是埃卡硅。预言的埃卡硅和真实的锗，它们的性质竟吻合到令人难以置信的地步。这你们可以根据下述内容自己来判断。

门捷列夫在 1870 年预言说，碳和硅那一族里将要出现一种新元素，这新元素一定会是深灰色的金属。

15年后，温克勒果然在弗赖堡附近的矿山里找到了一种新元素，同碳和硅十分相似，并且真是一种有金属光泽的深灰色物质。

“它的原子量大约会是72。”门捷列夫预言说。

“72或73。”温克勒在15年后用实验加以证实。

“它的密度应该在5.5克/厘米^{3}左右。”门捷列夫说。

“5.47克/厘米^3。”温克勒证实。

门捷列夫：“新元素的氧化物，会是很难熔化的，即使用烈火来烧它，也不可能使它熔化；它的密度将是4.7克/厘米^3。”

温克勒：“正是这样！”

门捷列夫：“新元素跟氯化合而成的物质，密度大约是1.9克/厘米^3。”

温克勒：“我证实这句预言说得对——密度是1.887克/厘米^3。”

此外，还有许多互相吻合之处，这里不再赘述。

“空白点”结束了

从此以后，元素自然系统就得到了普遍的承认。人们都明白地看出，那些简单的物质并不是偶然的自然现象，在物质的一切形态中，的确存在着密切的联系与统一性。

在从前，化学家们无从知道所有的元素是全都发现了呢，或是还有许多种性质新奇得不可思议的新元素尚在等待人们去发现。现在，由于门捷列夫的努力，宇宙的物质构造图被画得十分明确了。化学家在元素世界里，恰似在地球的每个角落都已被研究清楚的今天，地理学家在海洋和大陆上那样有把握。

有了精确的地图供参考，今日的地理学家不会在纽芬兰和爱尔兰之间的大西洋去寻找未知的岛屿，或在南美洲巴姆巴斯草原上去寻找山脉——因为他知道那些地方没有，也不可能有岛屿或山脉。化学家们也完全一样，有了门捷列夫的周期表作参考，他们也不会在钠与钾中间去寻找新的碱金属，或在钪和钛之间去寻找任何新元素，因为这样的元素也不可能存在——它的存在是周期律所不允许的。

化学家们有了门捷列夫元素周期表，要判断世界上一共存在着多少种元素也大致有数了。

门捷列夫周期表

他们现在已经知道大概还有什么样的元素，躲在地球上一些偏僻角落里的稀有矿石中，没有被找到。于是物质世界中的“空白点”就一个接一个地被消灭，因为人们现在已经知道应

该到哪里去找和怎样去找了。

话虽如此，可还有些不算太小的意外事件在前面等候他们。

第三章里我们曾经提到过一种神秘的太阳元素氦，你们还记得吗？

这种物质怎样了呢？人们在门捷列夫周期表里给它找到位置了吗？可能门捷列夫自己已经在这个元素“缺席”的情况下，把它的性质描写了一番吧，像他对镓、钪或锗所作的预言那样？

不，门捷列夫不怎么相信这种太阳元素。他认为发出那未知的黄线的是某种已知的元素，也许是铁，也许是氧。他又认为很可能由于太阳里温度过高，压力过大，元素发射的光会和在地球上发射的不一样。氦的哑谜被完全而且彻底揭开的那一天，后来到底来了，那是科学上难忘的一天。门捷列夫是活到了那个时候的。那一天，他觉得好像受到了最大的震惊，但在事实上，也正是那一天，他获得了最伟大的科学胜利[1]。

在沙皇和资本家的压制下

周期律的胜利给门捷列夫带来了国际荣誉。在外国，许多大学授予他名誉博士的学位，许多科学院和学术团体选他为会员。英国科学家邀请他去伦敦做公开的法拉第演讲，这种演讲，

[1] 详见“惰性气体”中“新发现”一节。——编者注

按照英国的惯例是只有世界上最伟大的科学家才配做的；英国还赠给了他一枚戴维金质奖章。

可是他的祖国呢，那时正处于残暴而又落后的专制政体之下，因此，门捷列夫在国内就没有得到应得的礼遇。更坏的是，沙皇的走狗们还对这位伟大的化学家肆意侮辱。

在俄罗斯帝国科学院的选举中，门捷列夫的候选人资格没有得到通过。结果，这位最有才能的俄国科学家一直没有当上院士。后来，沙皇政府的部长捷里亚诺夫又把门捷列夫撵出了大学，原因是门捷列夫不该“胆大包天”，替学生们向他转递改善大学制度的请愿书。于是这位举世闻名的老科学家，竟有好几年连使用实验室的权利也被剥夺掉了，以致无法进行研究工作。

门捷列夫从来不把自己关在书房里。他是一位满腔热血的爱国者，总想把力量和才能全部用来为祖国谋福利。可是他的一些切合实际的建议差不多全都叫人当作了耳边风。

那时候，高加索的石油工业正开始繁荣。门捷列夫曾好几次谈到石油是最宝贵的化工原料，应该合理利用。他说，用石油来烧锅，等于用纸币来烧锅。他希望石油的开采和加工能够全部按照科学的规则来进行。可是谁也不听他的话。油田的业主们强盗似的开采了石油，又浪子似的糟蹋它，一点也不想想将来。

门捷列夫一直谈论着俄国需要强大的化学工业，但是直到十月社会主义革命的前夕，俄国还只有少数几家小型化工厂——使用的机器马力很小，其他的设备也不完善。

门捷列夫乘坐热气球

门捷列夫一直梦想着探究同温层，有一次，他还撇开驾驶员，独自一人乘气球升入空中。他提出征服北冰洋，还草拟了破冰船的计划。来到乌拉尔煤矿区之后，门捷列夫提出了煤的地下气化的想法：他建议在矿内把煤直接变成可燃气体，说这样可以使矿工们摆脱地下采煤的繁重劳动。

但他这些美妙的想法和计划，没有一个人支持。沙皇政府的官吏们和资本家们只对高官、肥缺、暴利感兴趣。至于祖国的福祉，科学技术的发达，那是谁也不关心的。

只是在门捷列夫去世许多年以后，社会主义革命使俄罗斯获得了新生的时候，这位俄国大科学家的理想才开始变成现实。

第五章 •••

惰性气体

1/1000 克

这一章终于要讲到太阳元素——氦了。你们一定还记得，氦是由天文学家首先发现的。后来，物理学家、化学家，甚至地质学家也陆续参加了它的“接生”工作。这乃是一连串稀奇古怪的发现和绝顶聪明的推测，经过是这样的——

英国物理学家瑞利在 19 世纪 80 年代，为了某个目的，用几种气体做了一系列实验，来精确测定它们固定体积下的质量；这个质量的专门名称，就是密度。

瑞利一开始称最轻的气体氢，接着称氧，然后称氮。

瑞利竭力要使自己测定的结果比历来物理学家在这方面所得到的一切数字都更精确。所以在测量的时候，总要设法不让一个气泡——哪怕是最小的——从他手头溜掉。并且还要十分留心，不让所测量的气体夹带一点杂质，换句话说，总要使用十分纯净的气体。

纯氮气不难从空气中取得。自从舍勒和拉瓦锡以来，谁都知道空气中大约有 4/5 是氮，1/5 是氧。可见只要把氧和另外一点点经常夹杂在空气中的二氧化碳和水蒸气除掉，留下来的便是纯氮。

所以瑞利也这样做。他让空气通过许多只化学捕集器，把二氧化碳、氧气、水蒸气分别吸收掉。我们知道，寒带地区的家庭主妇们到了冬天，往往要在内外两层窗框中间放一小杯硫酸，因为硫酸能够吸收水分，使窗框中间的空气保持干燥。瑞利为了吸收水蒸气，也使用了硫酸。不过在硫酸以外，他还用了几种别的物质，把空气中的氧气、二氧化碳和水分完全提尽。

这样剩下来的气体，当然就是纯氮。所以瑞利把它放在天平上测量。

一个优秀的实验工作者，什么时候都不会懒得对自己的工作多做一番检查，来避免万一的错误。瑞利是一位特别认真的实验者，对于检查当然更不放松。也许那么多的捕集器中，有一两只有缺点，会让一部分杂质在不知不觉中漏了网吧；也许橡皮管的某一段，有个气眼，虽然小得肉眼看不见，可还是相当的大，足够让外面的空气通过它，进到管里吧。用什么办法来检查有没有这些毛病呢？瑞利决定从另外一种来源取得氮，以便跟上次从空气中取得的氮互相比较。假如从两种来源取得的氮密度相同，那就一切都没有问题，就是说，结果很正确，工作很仔细，氮很纯，整个实验装置，哪儿也没有毛病。

瑞利有位朋友，化学家拉姆齐，劝他从氨里取氮。这方法很方便，瑞利马上采用。他从氨里取得了氮，按照全部规程把它提纯了，也称过了。

不料这两份氮气，质量竟不相符。你想瑞利这时候，该是多么苦恼。

从空气里得来的氮，每升质量为 1.2572 克；从氨气里得来的氮，虽然同样都是氮，每升质量却为 1.2560 克，比前者轻 1/1000 克。

瑞利一定是在哪一点上，哪一步骤上，做得不够精确，才造成了这个错误。1/1000 克，当然是个小错误，可总归算是错误啊。

瑞利于是动手检查自己的装置——检查了一个个容器，又检查一只只捕集器，以及玻璃管、抽气唧筒、天平……可是哪儿也没有毛病。于是他又分别用空气和氨气制备好了两份氮，仔细提纯之后，十分精确地加以测量。可是得到的数字，还是一大一小，相差 1/1000 克。

认真检查设备的瑞利

瑞利不放心，做了第三次检查实验，但结果还是那样。

1/1000 克的差额，这太小了，干脆不理它，不就得啦。可是瑞利不能这样做，连这样小的错误他也不能马虎。

他很生气，这个差数真惹恼了他。在氮的实验上受到了阻碍，他就无法向前迈进。前面有几十种极其有趣的物理学问题在吸引着他，可是他竟不能回到本行的研究上去，目前他得忙着提纯那可恨的氮气，不由变成了个化学家。

有一天，瑞利带着十分厌烦的心情拿起几张纸，查看自己写在上面的最近测量的结果，却偶然看到一本新到的杂志——科学杂志《自然》的最近一期。

“得写封信到那儿去。”

他打定了主意，就马上给《自然》杂志编辑部写信。写完了自己在氮的问题上所碰的钉子，就借杂志的园地向化学家呼吁，希望他们能够提醒他，错误究竟出在哪儿，这顽固不化的差额，究竟应该怎样解释。

瑞利发出了信，等候回音。希望化学家们能够把他引出这条死胡同。

重氮和轻氮

瑞利很快就收到了几封回信，其中有一封是拉姆齐的。化学家们给这位陷于绝境的物理学家出了好几种很有见解的主意，但是真可惜，主意虽好，对事情却毫无裨益。两种气体在质量上的差别，从前是多少，现在还是多少。不但是这样，瑞利变更了实验的条件后，差额反而更大了。

谁的主意也不能听了。同样的氮气，为什么有轻重，这个问题，只有靠自己来解决了。

瑞利同这种顽固的气体一连战斗了两年，真是方法都用尽了！他曾经让电火花通过“空气的”氮和“氨气的”氮，又曾把氮留在密闭的容器里整整8个月之久。可是电也好，时间也好，都不能改变这种气体的性质。

它在密度上，从前有大、小两种，现在还是有大、小两种。

瑞利又曾试用其他物质来取氮。笑气、一氧化氮、尿素，他都用过。在所有这些场合得到的氮，都和来自氨气的氮质量完全一样。可是从空气取得的氮，照旧比较重。

于是瑞利决定也采用别的方法从空气中取氮，过去，他一直是让空气通过赤热的铜，铜在燃烧中会把空气中的氧夺过去，单把氮气留下来。现在瑞利不让空气通过铜了，他让它通过炽热的铁及其他能够吸收氧气的物质。但是结果，“空气的”氮并没因此变更密度，比起“氨气的”氮来，还是重些。

瑞利做了几十种实验，可前面还是一团漆黑。他觉得自己简直是撞上了一堵推不倒也绕不过去的铜墙铁壁了……

但他现在至少已经明白自己并没有搞错步骤，也没算错一个数。这里的错处，不必再从实验者方面去寻找了，那得归咎于自然。“空气的”氮的确比来自化合物中的氮更重，这一点已经不成问题。

可是为什么同样的一种物质会有轻重之分？这个闷葫芦还是没有被打破，还在使他恼火和不安。

“去翻翻旧档案吧”

1894年4月，瑞利在伦敦皇家科学会上报告了自己的实验。会后，化学家拉姆齐来找他谈话。

“两年以前，您给《自然》杂志写信的时候，我还弄不清为什么您会在这里得到两种不同的密度。现在，可全明白了：‘空气的’氮中一定有一种较重的杂质，一种未知的气体……如果您同意的话，我愿意把您的实验接着做下去试试。”

瑞利当然同意了他，但这未知气体的想法，瑞利总觉得不可信。数千名研究者曾经做过无数次空气分析，每次都只从空气里找到氧和氮，以及少量的二氧化碳与水蒸气，这里哪儿还有新气体呢？

瑞利又向出席科学会的另外几位研究员朋友征求意见，问到化学家迪瓦尔的时候，迪瓦尔说：

“您去翻翻旧档案吧！我知道从前有位卡文迪什，也认为‘空气的’氮并不是单质。”

“卡文迪什！100年以前的那位？”瑞利吃了一惊。

“是他，”迪瓦尔肯定地说，“好像在他最初几篇论述空气的著作里，就有一处，提到了这一点。您去找来看看吧。”

“那我今天就去找！”瑞利说。

想想吧，他已经落后100年了！

卡文迪什的实验

18 世纪中期，伦敦有个孤僻而且腼腆的人，名叫亨利·卡文迪什。他是如此怕见生人，若是有人来找他谈话，他就要涨红了脸，惊叫一声，跌跌撞撞地逃走。当然，鼓足了勇气，他也能回答几句，但他说起话来，总是结结巴巴，缠夹不清，面红耳赤得像个小孩子。

卡文迪什把自己关在一间很不舒服的大屋子里，过着隐士的生活，很少在社会上露面。这个人是离群索居的，沉默寡言的，他唯一的爱好是研究科学和自然。他夜以继日地工作、计算、实验，一连 50 个年头，从不知道消遣和休息，也不知道哪一天是假日……

他发现了水的成分。

他首先算出了地球的质量。

他与舍勒、拉瓦锡同时研究了空气的组成，以及氧与氮的性质。

由于谨慎，也由于不敢过于自信，卡文迪什没有忙着公布自己实验的结果。有很多东西都埋没在他留下的文献里，有些简直被人忘记了。不料几个世代以后，竟有瑞利这么一个人在“重氮”问题上，一连忙碌了好几年，却没有想到只要把皇家科学会那本发黄的 1785 年年报找来翻一翻，就能使心里的疑团全部消散。

这本年报里，有卡文迪什写的一篇东西，上面记载了这样一种实验：

把一根玻璃管装满空气，再让一阵小型的人造闪电——电火花——通过它。结果，空气的两成分，氧和氮，就在电的作用下互相化合，而生成一种令人窒息的新气体。卡文迪什随时把这种气体从玻璃管里提取出去，方法是用一种特殊的溶液把它吸收掉。

可是空气中的氧，只有氮的 1/4 那么多。因此，全部的氧不久就被用尽，使玻璃管里只剩下氮气。这时候，卡文迪什往玻璃管里加些纯氧，又往里面放电火花。这样做到最后，管中的氮就几乎全部跟氧化合而变成一种令人窒息的气体，被碱溶液吸收掉。

可是总有极小的一个氮气泡，顽固地留在玻璃管里，碱溶液怎样也吸收不了它。卡文迪什再三往玻璃管里加氧，并放电火花，可都不起作用——不再产生那窒息的气体。那个扁豆般大的小氮气泡，一直浮在溶液上面，怎样也不肯同氧化合。

所以卡文迪什写道："根据这个实验，我得出了一条结论——空气里的氮不是单一的，其中约有 1/120 跟主要部分的性质绝不相同。可见氮并不是单一的物质，而是两种物质的混合物。[1]"

……

---

[1] 卡文迪什还是燃素学说的拥护者，所以曾给氮取名叫"燃素化的空气"。

瑞利读旧年报读到这里，就抱住头，跑回实验室，重做卡文迪什的实验去了。

空气的组成

这时候，瑞利的那位皇家科学会中的同事，化学家拉姆齐，也在忙着做实验。

他的推理很简单：如果空气中含有未知的杂质，那就只有一种方法可以查出来，即取一定体积的空气，把其中各种已知成分一一提尽，如果提尽以后，还有东西剩下来，那就是说，空气里还有未知气体。

拉姆齐使空气通过一系列的化学捕集器，不费什么事，就把其中的氧气、水蒸气、二氧化碳一一提取出来。对于剩下来的氮，他也给找到了一种捕集物。几年以前，他讲课的时候，很偶然地发现了炽热的镁能够很好地吸收氮（镁就是照相时燃烧取光的那种金属）。现在，拉姆齐就参照那次偶然的发现，用送风的办法，使氮气贴着炽热的镁屑通过一根玻璃管。

拉姆齐第一次把氮气吹过玻璃管。大部分的气体被吸收了，小部分逃了过去。

他使逃过去的气体再一次通过炽热的镁屑，剩下来的气体就更少了。

第三次通过管子的剩余气体，他才用天平称。

称的结果，显然比大气里的普通氮气更重。普通氮气是氢的 14 倍，这里的剩余气体却是氢的 14.88 倍。

喜出望外的拉姆齐让剩余气体再通过一次镁管。结果，又有一部分气体被截留在捕集器里，使剩下的部分变得更重了些。

这气体每通过镁管一次，体积就缩小一点，而密度则增大一点。它增到了 16 克 / 厘米 ^{3}，后来又变成了 18 克 / 厘米 ^{3}。增加到 20 克 / 厘米 ^{3} 就不再增加了。同时，捕集器也不能再吸收这种气体了。很明显，全部的氮已经提尽，剩下来的乃是镁不能对它发生作用的一种较重的未知杂质。

拉姆齐花了整整一个夏天的工夫，使空气流经吸收器，结果得到了 100 立方厘米的新气体。

他的同事瑞利重做卡文迪什的实验，事情就进行得慢些。到 1894 年夏末，才收集到了 0.5 立方厘米的较重杂质。不过重要的是，两位研究者使用不同的方法，得到了相同的结果！

现在只剩下向那无所不能的分光镜征求“意见”了。一根玻璃管焊上了两个电极，又充满了新气体。通电后，气体发出了美丽的冷光。冷光的光谱上出现了光谱学家从没见过的新谱线，其中有红色的、绿色的、蓝色的。

1894 年 8 月 13 日，瑞利和拉姆齐来到牛津。不列颠的自然科学团体正在这里开会，他们请求出席做一次临时报告。

“我们发现了一种新元素，”他们说，“这元素到处都有，它四面八方地围绕着我们。它同氧、氮一样，都是大气的组成部分，我们日常呼吸的空气中就有。”

元素中的隐士

瑞利和拉姆齐的这段报告，使集合在牛津的科学家们感到了极度的惊慌。即使有枚炸弹在他们的上空爆炸，也不能使他们惊慌得这么厉害。

空气中还有未知元素！所有的实验室、所有的大学教室、全世界到处大量分布着这种未知物质，可是人们连想都没想到这一点！

整整100年以来，研究家走遍天南地北，去搜集稀有的矿物，为的是从里面搜出化学家还没发现的最后几种稀有元素。却想不到自己身边就有一种未知物质，还没有被发现！

可是这种怪事，怎么会有呢？要知道，空气中的新元素，并不太少——100升空气中就有1升呢！

当卡文迪什第一次偶然发现这种气体的踪迹时，人们还刚刚听说有两种不同的空气："活空气"和"死空气"。那时节，氧与氮都还是十分新奇的东西。因此，人们——连卡文迪什也在内——就不觉那个不完全像氮的小气泡有什么重要的意义。但在后来那悠久的100年中，也没有一位化学家注意到空气中的氮是两种气体的混合物，那又是为什么呢？

在这100年中，空气的分析实验，一定做过几千次了。每一位大学生，每一位实验员，甚至化工厂中的一些熟练工人，都会做这种分析。化学家呢，计算空气中的氧含量和氮含量时，还曾算到4位小数，他们精确地测出空气中所含的二氧化碳是0.03%。空气中的氢虽然还不到1/1000000，可是他们也有方法找出来。

1/1000000的气体，都找出来了！而1/100的未知气体，却长久地放了过去！这又是什么原因呢？

其原因是：这种气体，无色、无味又无臭，完全不表现它自己。它是一个不吭声的家伙，总是悄悄地跟着氮气走而丝毫不露锋芒。它行动异常轻捷，叫人觉察不出它的存在来。

这种新元素不和别的元素结合而生成任何一种化合物。它独立地生活在世界上各种物质当中，不肯随着大家永无止境地进行着各种化学变化。

它是元素中的隐士，元素中的单身汉。

它对于任何化学作用，都摆出一副完全不理的面孔。它是最不爱活动的，因此给它取名叫氩（氩的希腊文有不活泼的意思）。

拉姆齐曾经让氩跟最活泼的、作用力最强的物质混在一起。

譬如氯这种呛人的气体，能使金属生锈，能叫染料褪色，能把布和纸蚀成一堆破烂。拉姆齐就曾设法让它同新气体化合，可是氯怎样也奈何不了氩。

又如白磷这有毒的物质，能够灼手，能够在空气中自动跟氧化合而着火。拉姆齐也曾把它放进氩气里烧，但白磷也不能让氩跟自己化合。

火也好，冷也好，电流也好，强酸也好，全都无法使氩产生化学反应。什么东西碰到它，都要原样弹回去，不留一点痕迹，不能改变它一颗微粒。

拉姆齐和其他几位化学家看着这样一种乖僻的、谁也不理的东西留在手头，心里真不服气。它总有几种化合物吧！贵金属——金和白金——无论在水中或在空气中都不生锈，甚至在酸里也不溶解。可就是它们，不也能跟几种物质化合吗？氩这家伙，难道竟比世界上所有的物质都更高傲吗？

拉姆齐带着助手们不断地往盛了氩气的容器中注入各种化学试剂。所有的简单物质和许多种复合物质，都试过了。在紧张的工作中，一晃就是几天，转眼就是几星期、几个月过去了。

但一切只是徒劳，氩怎样也不肯屈服。

一种从矿物中来的气体

有一天，拉姆齐在皇家科学会上做完了例行报告后，收到了一封信，那是地质学家麦尔斯寄给他的。麦尔斯不来听报告，可是报告的内容，看来他都听说了。

信里写道：“我不知道您是否曾设法使氩同金属铀结合。假如没有，我觉得您很值得试一试。数年前，美国地质学家希勒布兰德曾经指出，如果把一种含铀的矿石——钇铀矿，放在硫酸中加热，就有极多的气泡从矿石里冒出来。希勒布兰德认为这气体是氮，不过这里也可能有氩吧。我认为这是值得检查的。怎能知道钇铀矿中，一定不会含有铀与氩的化合物呢？”

拉姆齐认为麦尔斯的主意很有道理，但又上哪儿去找钇铀矿呢？钇铀矿，极其稀少，价格又昂贵，只有到挪威去才找得到。拉姆齐怕自己费了功夫，还是找不到东西，就托一位伦敦商业界的朋友代为寻找。而这位朋友也真有办法，只花了18个先令，就在一位矿石商人手里买到了钇铀矿2盎司（约60克）。

拉姆齐的助手立刻把这块矿石投入硫酸中，加起热来。钇铀矿果然产生了泡沫，冒出了气体。可是拉姆齐当时正忙着别的实验，抽不出时间来研究它，就吩咐助手把这气体暂且放进密闭的容器，保存起来。

时间过得真快，一晃又是一个半月。

在这段时间里，拉姆齐又做了几种尝试，想得到氩的化合物，可都没有成功。他的耐性终于消磨尽了，他感觉面对着这种稳定得出奇、消极得惊人的物质，自己的确束手无策了。可是，在承认彻底失败以前，他决定做最后的一次努力，把那从钇铀矿得来的气体，拿来检查一下。

首先应该辨认这种气体是什么，是希勒布兰德所主张的氮呢，还是氩？

拉姆齐的助手预备好了镁屑，把它烧红了，使这种气体通过它。气体如果是氮，就会被这种捕集物所吸收，因为镁是善于吸收氮的。但是气体通过捕集器之后，差不多原封未动。可见希勒布兰德的主张是不合事实的。

于是拉姆齐走进实验室附设的暗室去观察这气体的光谱。他拿了一支两端焊有金属电极的玻璃管，用唧筒抽尽管里的空气，然后把这种气体放进去，通上电流。这时候，玻璃管中的气体立刻放出光来。

拉姆齐往分光镜里窥看。

里面有许多条不同颜色的明亮谱线，其中有条黄线，十分明亮。

“钠！”拉姆齐想，“镁屑里大概也夹杂有钠。这种杂质，你是什么时候也避不开的……”

为了更容易把这种复杂的光谱弄明白，拉姆齐把另外一支玻璃管装满纯氩气，也通上电，并使两支玻璃管的光谱同时出现在分光镜里。现在他可以对照着研究未知气体的光谱了。

两种光谱上有许多条谱线，都是互相吻合的。纯氩的光谱上也有一条黄线，只是亮度比较弱些。这分明是无所不在的钠也混进了第二管，他想。

但装有纯氩的那支玻璃管所生的黄色钠谱线，为什么要立在钇铀矿气体所生的黄线旁边，与它相隔一点点呢?

拉姆齐稍微调整了一下分光镜，又转了转窥管，想借此让两条黄线合为一条。但它们还是各就各位地立着，虽然相距很近，可总不肯合拢。

“我们的分光镜出毛病了。”拉姆齐对助手说。

于是他开了灯，拆开分光镜，把三棱镜仔细擦干净。可是并没有用——拉姆齐把分光镜重新装好再看时，来自两支玻璃管的两条黄色钠谱线照旧是分开的。

这真是天大的怪事！

自本生和基尔霍夫以来，物理学家和化学家个个都知道光谱里的钠谱线是有一定不变的位置的，即使你从地球上极不相同的地方采来了1000种钠的样品。无论你在哪儿进行研究，它们也只产生同一的黄色光线，同一的光谱。怎么在这里，在伦敦大学的这间实验室里，钠的谱线不在一起呢？

拉姆齐在分光镜旁呆坐了好几分钟，眼睛死盯住那支装着钇铀矿气体、发着明亮的金色冷光的玻璃管。说实在的，要找到这个问题的答案，并不困难。拉姆齐已经找到了它。但他害怕这个答案有点过分大胆，过分危险。他不敢相信自己就会那么顺利。

其实，为什么不假设那支玻璃管里面，除了氩，还有别的呢？还有陌生的未知元素呢？

拉姆齐立刻为这新元素想到了个现成的名称——氪。氪的希腊文就是“秘密”“隐藏”的意思。

拉姆齐马上动手检验自己的假设。他在暗室里一连待了好几个小时，忘记了时间，也忘记了疲倦。他研究着钇铀矿气体的光谱，拿它来跟氩、氦、钠的光谱互相比较。最后，他认为他那架分光镜太不行了，完全不能帮他解决这个复杂的问题。

想来想去，拉姆齐还是决定去麻烦他的朋友——物理学家克鲁克斯，一位有名的光谱学专家。拉姆齐派人把盛“氪”的玻璃管送给克鲁克斯，请他研究一下它的光谱——这是1895年3月22日黄昏的事。

第二天清早，邮局派人来到拉姆齐的实验室，把主人请出来，交给他一封电报。

“您的氪就是氦，您请过来看看吧。”克鲁克斯的电报里说。

拉姆齐去了，他看见钇铀矿气体的黄线，跟太阳光谱上那条神秘的黄线——氦的谱线——是完全吻合的。

这样，那神秘的太阳物质，在地球上也找到了。

地球上的氦

元素氦发现的经过是多么复杂，多么曲折啊！

一开始是几位天文学家怀疑太阳上有一种未知元素。

后来，瑞利一点也没有想到什么太阳物质，只是因为要检验一种古老的科学假说，就开始衡量起氢、氧、氮等气体的质量来。

他只想尽量精确地知道每种气体1升有多重，此外什么也没想！

多亏瑞利的实验，使人想起了那被遗忘已久的卡文迪什的遗作。瑞利和拉姆齐协力工作，终于把空气中一种较重的杂质——奇异的气体氩——找了出来。

拉姆齐开始研究氩的性质，查出它对一切都极冷淡，乃是一种非常消极的物质。他做这个研究时，心里也没有想到什么太阳物质。

当地质学家麦尔斯告诉他去考察稀有的钇铀矿时，拉姆齐只希望能从这种矿物里，找到氩的第一种化合物，此外他还是什么也没想。

他从钇铀矿中提取了一种气体。对那气体，希勒布兰德在5年以前为它忙碌的时候，同样是什么也没想。现在拉姆齐却查出它不是氮，也不是氩。至于它到底是什么，他也没有马上想出来。

只有到了物理学家克鲁克斯手里，才首先认出这种新气体正是27年前天文学家从太阳上查出来的那种元素。

普通的、地球上的人也能和这位从遥远的太阳上来的客人直接接触了。

于是大家都来研究、检测、考察它的一切方面。那它到底具有什么样的古怪性质呢？

许多人得知这元素的发现史是那样的不平凡，震惊之余，不免认为这元素本身，一定更不平凡；别的元素，一定不会有一个和它相似的。

不料这里什么奇迹也没有。不久就查出氦同氩一样，也是一种惰性气体。它是一种无色、无味、无臭的透明气体，并且固执地不肯同其他物质化合。这都是它和氩相似的地方。

只在一点上，它和氩大不相似：它比氩轻得多，是世界上最轻的物质之一。除了氢，就数它轻。

新发现

这些日子可算得是科学上的一个伟大胜利的时期，但在这个时期，门捷列夫在25年前所建立的那座庄严的建筑，却差一点摇晃起来。

拉姆齐可以向门捷列夫挑衅，宣布后者的自然系统已不适用。要是果真那么干，他也有充分的理由：新元素氩和氦在周期表里找不到位置，表内没有一族能够安插它们俩。

如果按着原子量的大小，硬把它们插进由其他元素所组成的挤得满满的各族里，就会破坏表中的秩序，就会到处发生混乱与不和谐。

有些化学家想打破这种尴尬的局面，就论证氩和氦根本不是新元素。

“这不过是氮的变种，”他们说，“我们知道，别的元素也有变种。例如碳就有炭黑、石墨和金刚石3个变种，氧也有两种。那么氮为什么就不能有呢？”

可是拉姆齐不是这个看法。

他说："我们还没把一切元素都发现出来。宇宙间一定还有一些元素，跟氦相似，我们应该把它们一一找出来。这些元素可能组成一个新的元素'家庭'，成立一个新'族'，整个地加入周期表。新的发现，目前没有破坏周期表，将来也不会破坏周期表，相反，周期表的内容还会更加丰富，随之也就更加精密，更加正确。"

于是拉姆齐和他的助手一起，开始寻找新元素——氩和氦的同族。他们研究了 150 种稀有矿石，20 种矿泉水，还打算从陨石中寻找新元素的踪迹。

最后拉姆齐还是从普通空气中查出了氩以外的 3 种新元素，给它们命名为氖、氪、氙。接着他又在空气里找到了氦！

于是这 5 种相似的元素凑到一起，形成了新的一族，十分合适地插进了周期表。这样也就彻底证明了周期律的正确性。

可是拉姆齐为什么没能把这 5 种元素同时从空气中提出来呢？为什么他一开始，只查出了氩呢？

这是因为空气中，氩相当多——100 升中，就有 1 升，而氦、氖、氪、氙则极少。我们每吸一口气，总要把 5 立方厘米左右（约半汤匙）的氩吸入肺中，而同时吸入的氖，只有氩的 1/500；氦只有氩的 1/2000；氪只有氩的 1/10000；氙只有氩的 1/100000（当然，这些气体，全都只从我们的肺中经过一下，并不对肺起作用。因为这些物质，个个都是一副冷淡的面孔，绝不肯参加任何化学变化）。

技术为这几种稀有气体都找到了很好的用途。

氩可以用来填充电灯泡，使烧到白热的灯丝不至于坏得太快。因为在这种懒洋洋的、不活泼的气体里，别提难熔的金属，就是易于燃烧的煤油，也永远着不了火！

就填充电灯泡来说，氪和氙比氩还要合用些。用氪和氙填充的电灯泡，称得上是永远不坏的电灯泡，使用的时间最长。

氖也可以用在电光照明里，不过人们并不用氖来填充普通灯泡。你们看见过地下火车站里那些发着红光的灯管吗？那就是用氖填充的。电流一通过这种灯管，里面的氖气就放红光。

至于那密度极小的氦，对于飞艇制造者和同温层飞行员很是适用。他们用氦来填充飞船及同温层气球，就可以升入高空。在这项用途上，用氢的确比用氦还经济，而氢的密度也更小，但氢容易着火，只消一个火星儿，整个庞大的飞船眨眼间就会变成一个火炬。而在用氦来填充的飞船或气球上，就用不着担心火灾。在氦里面，和在氩里面一样，你想点火也点不着，你就是把世界上全部最易着火的物质都搬进这种气体里，也着不起火来。

元素还能分解吗

到发现氩和氦的时候，许多科学家都认为物质的秘密已经被彻底揭穿了。

周期表差不多已经完全被填满，大多数元素已经被找到，数以万计的复合物质的化学性质已经全部被研究明白。现在似乎一切都没有问题了。

在距离这时候的100年以前，也就是在18世纪末，舍勒、拉瓦锡等研究人员还刚刚开始追问宇宙万物是由什么组成的。

但到这时候，无论哪位化学家都能对这个问题给出圆满而且精确的答案了。

归根结底，整个宇宙是由大约80种元素组成的。这80多种得到化学家彻底研究的元素，组成了星球和太阳、地球和人、石头和植物。无论你分解什么东西，你都会从里面找到同样的一些简单成分——元素。一种复合物质，可能含有2、3、5、10种元素，但这些元素，无论在什么地方，什么时候，都是相同的。在天外飞来的陨石中也好，在人体中也好，在宝石中也好，在路旁的普通土块中也好，除了这80多种元素以外，你绝找不到别的东西。

可是元素本身是否能被分解成更简单的成分呢?

"不能，"19世纪末期的科学家说，"再也没有比元素更简单的了。元素就是简单物质的极限。无论在自然界，在实验室，或在工厂里，也无论在什么时候，谁也别想看见元素被分解成更简单的成分。

"只有复合物质才能变化，分解，消灭。至于元素，它们是不会被消灭，不会被分解，也不可能变成别的元素的。它们永不变化。拿世界上的铁、铅或氦来说，100年前有多少，今天也有多少，100年以后还是有多少。因为铁、铅、氦都是元素，而元素是不会消灭或改变的，哪怕是一个极小的微粒——原子。”

“每一种元素都是由相同的原子所组成。原子不可再分，它是物质的最小微粒。几种不同元素的原子，可以按照种种的结合方式互相化合。氧的同一个原子可以漂流到构成人脑的物质里，又可以漂流到路边的尘土里、山中的矿石里、海水里、乌云里。它可以在世界上完成1000次旅行，参加1000次化学变化，可是它绝不会因此而消灭或改变。因为元素的原子是永恒不变的。”

这就是19世纪末期的化学科学家用来教导大家的学说。

这个学说，十分圆满，也非常有说服力。本书前文所讲到的那几位大研究家，个个都信奉它。可是你们马上就要读到一篇故事，讲述人们怎样得到了另外一些新发现，结果又把这个学说彻底推翻掉。

第六章 •••

不可见的光线

伦琴的发现

1896年初，有一件耸人听闻的新消息轰动了世界上所有的大学和科学院。消息说，有一位名叫威廉·康拉德·伦琴的不大出名的德国教授发现了一种新光线，它所具有的性质，可真叫人吃惊。

这种新光线，肉眼是看不见的，但它能对照相底片起作用。用这种光线，就是在漆黑的地方，也能获取影像。此外，这种光线的存在，可以用下面的方法侦察出来。如果在光线经过的路线上，摆上一架涂有特种化学物质的纸屏或玻璃屏，那么这个屏就会发出很亮的光，产生所谓的磷光现象。而最令人吃惊的是，新光线还能够自由地穿过各种物体，像普通的光线穿过玻璃那样。新光线能够透过紧闭的门、没缝的间壁以及衣服和人体。

要是用手拦阻它的去路，那么发光屏上就会出现几根骨头的暗色的轮廓。那是一只骷髅手，瞧那手指还在微微颤动呢！

可敬的绅士们即使穿了硬胸衬衣和大礼服，礼服上的纽扣，每一个都扣得好好的，还是可以从屏上看见自己的肋骨、脊柱、周身骨骼的影子。同时，如果背心袋里有表，裤袋的钱包里有硬币，也都能看见。

因此，马上就有人想到应该把新光线应用到实际中去。例如，在伦琴发现新光线的消息传到美国的第四天，就有一位医生利用新光线来检查受了枪伤的病人，看有没有枪弹留在他身体里。

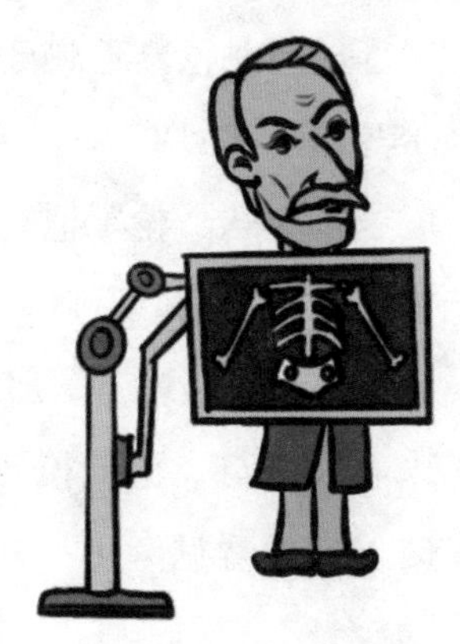

但是医生们对伦琴的发现所感到的兴趣，还不如物理学家那么大。物理学家想知道的是：这是一种什么光线，它的性质和普通光线是否相似，它是怎样产生的，要有哪些条件它才出现。

人们争相传说伦琴这个发现的经过。

伦琴一向是在自己的实验室里研究克鲁克斯管中所发生的现象。克鲁克斯管就是抽去了些空气的玻璃管，管内两端各焊一只金属电极。通上电流之后，管内两只电极间的稀薄空气中，就会发生放电现象。这时候，管内的空气和管壁都会发冷光。

有一次，伦琴把一包用黑纸裹着的还没显影的照相底片放在离克鲁克斯管不远的地方。后来他给底片显影时，却发觉底片已经曝了光。这样的情形出现过不止一次，新出厂的、用黑纸包得很严的底片，分明动都没有动过，但只要在克鲁克斯管附近放上一段时间，它就必然坏掉。

克鲁克斯本人以及其他一些用这种真空放电管做研究工作的人，在伦琴以前，老早就注意到这种情形了，但他们没有予以重视。底片漏光了吗？以后把它们放得离克鲁克斯管远点就是了。可是伦琴不满足于这样的办法，他开始做实验，开始研究这是怎么回事。

有一天，伦琴把一张黑色的硬纸板卷在克鲁克斯管外面，然后让它工作。后来，他关了灯，离开了实验室，却忽然想起自己忘记掐断电路，那跟克鲁克斯管接连的感应圈还在工作。来不及开灯，他就摸回桌边来纠正自己的疏忽。不料就在这时候，他看见旁边另外一张桌上，有件东西在放出不太明亮的冷光。

那放冷光的物体原来是张涂了铂氰酸钡的纸。铂氰酸钡是一种能放磷光的物质，只要旁边有强光向它照射，它就会自己放出冷光来。

可是实验室里不是漆黑的吗？克鲁克斯管虽然还在发冷光，那样微弱的冷光却绝对不能使发光物质发生磷光现象。再说，克鲁克斯管外面还卷有黑纸板呢。那么究竟是什么使这张磷光屏在黑暗中发光的呢？

后来，有人问伦琴：

“您在碰到这类莫名其妙的现象时，心里是怎么个想法？”

“我不想，我只做实验。”他回答。

他不停地做实验，他顽强而巧妙地盘问自然，到最后就发现了一种新光线。

谦逊的伦琴给新光线取名叫X射线，是要着重声明他自己还不十分了解这种射线的真正性质。而数十位不同国籍的科学家，却迫不及待地要把伦琴没有谈到的东西马上补充出来。科学期刊上陆续出现了不计其数的关于X射线实验的报告，有的报告性质，有的报告来源。由于兴奋和匆忙，有些研究人员甚至觉得自己也发现了几种新射线。关于“Z射线”“黑射线”的消息，纷至沓来。“射线”的狂热简直弥漫了欧美两洲所有的科学实验室。

值得庆幸的错误

法国科学家亨利·庞加来对于X射线的猜测很有趣。

他阅读伦琴论述其发现经过的那篇文章时，文章中一项细节给他留下了极其深刻的印象。这细节是：X射线产生的地方恰恰就是克鲁克斯管壁上被那股由阴极飞往阳极的电子中途打中的地方，玻璃管壁的这一部分还发生着特别强烈的磷光现象。

“原来如此！”庞加来心里想，“X射线既然发生在磷光现象特别强烈的地方，那就很可能一切产生强烈磷光的物体都能发射X射线，并不是只有克鲁克斯管在有电流通过的时候，才能够发射它。”

庞加来的这个想法，另外一位法国人沙尔·昂利听到之后，

马上动手加以检验。

冷光是可以利用极其多样的方法引起的。古人早就知道，有些物质，一经日晒，或受到任何其他光线的照射，自己就会发出冷光。这类物质中，有的光源一熄，立刻停止发光，有的光源熄灭以后，还能发光若干时间。如果把能在黑暗中发光的物质涂在表盘上，到了夜间，不点灯也能看出时刻。

树木腐烂的时候，也能发冷光。易于燃烧的磷在空气中慢慢氧化时，也会发出淡绿色的冷光。

你们看，磷光现象的起因是各种各样的。庞加来却认为只要是磷光现象，不管它是什么原因引起的，都可能产生X射线。

沙尔用来检验庞加来的看法的物质是硫化锌，那是一种经过日晒能发出强烈磷光的物质。

沙尔做的实验非常简单。

他给普通照相底片包上黑纸，纸上摆一小块硫化锌，然后把这样摆好的一套，拿去放在日光中晒，晒过以后，把底片拿进暗室去显影。

显影的结果是，底片上出现了深色的斑点，那正是曾经隔着黑纸摆过磷光物质的地方。

可见庞加来的想法是正确的。凡是磷光物体，的确都能发出不可见的、能够自由穿过黑纸的X射线。

这就是沙尔的认识。

1896年2月10日，沙尔的报告在法国科学院的大会上宣读了。一星期以后，科学院第二次开会，又宣读了一位法国研究员涅文格罗夫斯基的报告，完全肯定了沙尔的结论。因为涅文格罗夫斯基用来做实验的，虽然不是硫化锌而是硫化钙，可是得到的结果却和沙尔的相同。

这以后，法国科学院每次开会都有人提出报告，说自己利用磷光物质得到了 X 射线。

这种实验做起来很容易。说实在的，给底片包张黑纸，纸上摆块东西，让日光晒晒，就送去显影，这能花费多少时间？因此，物理学家们都抢先来做这种实验，生怕落在别人后面。

大家这样一抢，X 射线就不再像从前那样神秘了。不是已经弄清楚，连日常使用的夜光表都在发射 X 射线吗？

这时候，还有一位名叫特罗斯特的科学家在科学院中说："用不着那些容易被打破的放电管，也用不着复杂昂贵的电装置，只要把一小块磷光物质暴露在强烈的光线下，这物质就会发出 X 射线。"

但这个说法是错误的。特罗斯特也好，沙尔也好，涅文格罗夫斯基也好，他们全都大错特错了。值得庆幸的是，这种错误的认识，竟意外地给科学和人类带来了极大的好处。这几位研究人员当时是过于匆忙、过分粗心了，但我们正应该为此对他们表示感谢。

当乌云遮蔽了日光的时候

在这场对X射线的围猎中，物理学家亨利·贝可勒尔也是一位参与者，他通过实验研究了好多种磷光物质，觉得它们在强光照射下都会产生不可见的、能对照相底片起作用的X射线。

但贝可勒尔看见经过显影处理的底片上只有一个模糊不清的黑色斑点，并不十分满意。因此他打算在以后实验的时候，尽可能地选用磷光作用较强的物质。他想，磷光作用较强的物质，一定能比较强烈地发射X射线，因而留在底片上的痕迹也一定比较清晰。

贝可勒尔出身于科学世家，他父亲就研究过磷光现象。老贝可勒尔当年研究的是一种作用强大的磷光物质——铀和钾的硫酸盐。后来，小贝可勒尔也研究过它。因此，小贝可勒尔现在就想利用这种盐来研究X射线。此外，他还用了几种别的能发磷光的铀化物来做实验。

他居然也达到了实验的目的：太阳晒过的铀盐果然透过黑纸，形成了极其清晰的影像。

贝可勒尔的实验是这样做的：把照相底片包在一张极其密实的黑纸里，纸上放块剪成花样的金属片，片上铺张薄纸，薄纸上撒层铀盐，然后把这一全套送到日光中去晒。

晒过以后的底片经过显影处理，黑色底子上出现了白色的花纹，那是金属片的痕迹。

事情很明显：铀盐因为有磷光作用，就发出了不可见的X射线，X射线穿透黑纸对底片起了作用；但它不能透过致密的金属，因此，底片上被金属遮住的地方就没有感光，没起变化。

贝可勒尔在科学院会上报告自己的实验结果时，大意正是这样。

可是有一天，那是1896年3月2日，贝可勒尔来到科学院时，却带来了一件奇怪的新闻。

在4天以前，也就是2月26日，他用铀盐做了一场实验。下面放的是用黑纸包好的照相底片，中间是剪成花样的金属片，上面是铀盐的结晶体……可是那一天，太阳时时被乌云所遮蔽，所以他决定把这一全套东西收进箱里，连纸上的铀盐也不取掉，为的是第二天可以立刻接着做实验。

不料第2天，一整天没有太阳。第3天、第4天也是阴天。

3月1日，他决定无论如何要给底片显一显影。当然，铀盐既然差不多全部时间待在黑暗里，只被阴天的漫射光线照过若干分钟，那它大概只发射过极短时间的磷光，而且这磷光的力量也一定极其微弱。因此，X射线未必产生过，即使产生过，也一定非常之少。贝可勒尔抱着这种想法，满心以为底片上的暗影一定非常模糊。

不料事实完全相反。

这样浓的暗影，这样轮廓分明的黑底白花，磷光盐类还从来没产生过。真是不可理解，真是莫名其妙！

可是莫名其妙的事情还在后头。

贝可勒尔发现完全没有经过日晒的铀盐，也能对黑纸包好的底片起到很好的作用，简直跟晒过强烈的日光、能发很亮的磷光的铀盐没有分别。

他把几粒铀盐藏在一只盒子里，又把盒子放在箱子里。箱子一连 15 天盖得严严的，而存放箱子的房间又一直是漆黑无光的。像这样的地方，当然谈不到什么磷光现象，铀盐在这里当然不会发光。可是尽管这样，这铀盐还是对放在一旁的底片产生了作用。

即使是在伸手不见五指的黑暗中，铀的盐类也在不断发射那能够透过黑纸的不可见光线。

当时贝可勒尔用来做实验的乃是一些绝对不能发射磷光的铀盐。那只是些丝毫没有经过强光照射的普通物质啊，尽管是这样，底片还是被它弄黑了。这就使贝可勒尔陷入了满腹狐疑的困境。

完全因为铀

这时候，立刻有人出来为贝可勒尔解惑。

庞加来很可能是想错了，磷光现象也许跟不可见光线毫无关系。很可能这一切都是由于铀吧？要知道那些在黑暗中也能在底片上形成良好影像的盐类，全都含有铀。那不可见光线不会是由铀而来的吧?

可是这样解释的话，沙尔、涅文格罗夫斯基、特罗斯特等人的实验，又怎样解释呢?还有，贝可勒尔本人在没使用铀化物以前，使用其他物质来做的实验，又怎样解释呢?难道那些物质在发射磷光的时候，并没产生不可见光线吗?难道那些物质并没有透过黑纸对底片起作用吗?

要解开这个结，真是困难重重!

贝可勒尔丢开手上的铀盐，重新拾起了一个月以前开始研究时所使用的发光物质——硫化锌和硫化钙。

他同时把好几张底片用黑纸包好，晒在日光中，并在每一张上随便放块磷光物质。晒过以后，一齐拿去显影。

竟没有一张底片上出现黑斑!不，连一个小小的黑点也找不到!

贝可勒尔连忙把这个实验重做了一次，结果还是一样——底片上一丝黑纹也没有。

他改用强烈的人造光代替日光，来照射磷光物质的晶体。他在晶体上空，燃过明亮夺目的镁光，又对晶体发出了光芒刺眼的电弧光，可都没有用处。

为了使晶体能够产生更强烈的磷光现象，贝可勒尔对一些晶体加热，又把另外的一些放在加了盐的冰块里。结果，那些晶体所发的光是增强了，贝可勒尔已经很久没见过这么明亮的

磷光现象了，可是对于底片，它们还是一点作用也没有。

贝可勒尔想起特罗斯特院士曾说能发磷光的晶体完全可以代替那些容易破碎的克鲁克斯管、电池组，就去征求他的意见，而这位可敬的同道也满心乐意地答应帮忙。可是，真丢脸！连他那儿也得不到什么结果了。

而那铀盐呢，虽然从来没有发过磷光，虽然又在黑暗的箱子里待了整整一个月，可是它那透过黑纸对底片起作用的力量，还是跟从前一样，丝毫没有减弱。

一晃就是几星期，眨眼就是几个月过去了。

铀盐一直待在黑屋子里，日夜不停地发射不可见的光线。

凡是化学家所知道的铀的化合物——氧化物、酸、盐——样样都检查过了。铀化物的晶体或粉末，溶液或熔融状态，都检查到了。最后，连纯净的金属铀也受了检查。它们全都能够无休无歇地在底片上留下痕迹，而纯铀留下的痕迹颜色最深。

再也用不着怀疑了，铀和一切铀的化合物的确都能发射一种与 X 射线不同的、特殊的不可见射线。至于磷光现象，在这里却没有一点关系。

又是一个闷葫芦

现在让我们把那一连串引向铀射线的发现的事件回忆一下。伦琴用克鲁克斯管工作的时候，发现了一种不可见的 X 射线。这种射线是在那股穿过稀薄气体的带电微粒所击中的那一部分克鲁克斯管上产生的，而在那个部分又总能看见强烈的磷光现象。

于是庞加来提出了他的初步假设，认为不但克鲁克斯管能产生X射线，而且每次有物质发射磷光时，都有X射线产生。

接着就有好几位研究人员忙不迭地进行实验，纷纷证明在任何一种磷光物质发光的时候，果然都有X射线产生。

贝可勒尔在寻找发光最强的磷光物质时，想起了自己常用的铀盐。

结果他查出X射线与磷光现象之间其实并没有什么关系，却又意外地发现了一种新射线——铀射线。

当时有好几位研究人员犯了同样的错误。为什么会有这样的事，现在当然很难确定。

也许，他们所用的底片碰巧都不是上等品。

也许，他们的显影液碰巧都是劣等货。

也许黑纸不很厚，里面的底片只要经过强烈的日光一晒，就有点漏光，其实这里并没有X射线的作用。

也许能发磷光的硫化物晒热后就分解了。分解的生成物二氧化硫是容易挥发的，它一透过纸上的小孔，就把底片弄坏了。

以上这些原因大概都曾起过作用。实验如果做得不够仔细，实验者如果有考虑不周到的地方，那就一定会发生某种讨厌的意外事件，使研究人员不知不觉地走上错路。

沙尔、涅文格罗夫斯基、特罗斯特，乃至贝可勒尔自己在

最初一个阶段，都是这样搞出来的错误。后来贝可勒尔和特罗斯特把实验做得更仔细了，就查出磷光物质如果不含铀，便丝毫不能对底片起作用。

但这个错误却意外地对科学研究很有好处。正是由于这个错误，贝可勒尔才发现了“铀射线”，而这一发现，后来又引出了另一个尤其惊人的发现。

铀射线在许多方面很像X射线：它们都是不可见光线，都能对底片起作用，都能使空气带电。可是X射线能够毫不费力地穿透各种障碍物，铀射线却不能。铀射线虽然还有力量透过那层包在底片外面的密实的黑纸，穿过薄铝片，却没力量透过人体、板门和薄墙。X射线呢，像这样的障碍物，却是挡不住它的。

利用X射线可以照出种种极其有趣的相片。X射线照相这把戏对于观众有着极大的吸引力，所以在最初一段时期，它经常被当作供人解闷的魔术来表演。X射线时髦极了，连富裕人家大摆夜宴的时候，也往往要在客厅里支起克鲁克斯管，让交际花们看看她们自己那副“华丽”的骨骼。

至于铀射线就没有那么大的吸引力，当时只有一些物理学专家才知道它。但在实质上，铀射线这种新奇事物的确要比X射线奇异得多。

X射线是由快速的带电微粒击中克鲁克斯管上的玻璃而产生的，而铀及铀化物所发的不可见光线却是自发的，没有任何明显的原因，它们没有受到光的照射，也没有受到热的作用或电火花的作用，可是它们经年累月、昼夜不停地发射着特殊的射线、特殊的能量。

射线的发射一分钟也不停止，可是那发出射线的物质本身，却好像丝毫没有变化。

这真是个极其惊人的闷葫芦，无法解释的真正奇迹。

这种奇迹，我们今日称它为“放射现象”。

斯可罗多夫斯卡的头几场实验

在铀射线被发现的前4年，一位名叫玛丽·斯可罗多夫斯卡的波兰少女，来到巴黎求学。她的老家华沙，当时还由俄罗斯帝国统治着。玛丽一心想当科学家，但在俄罗斯帝国的统治下，妇女很难有机会受到高等教育，至于研究科学，那就更不必提，因此，玛丽才到法国巴黎来。

她在这里不得不过着极其清苦的生活。课余她去担任家庭教师，有时得不到教职，就在巴黎大学的索尔邦学院当杂工，收拾实验室和洗涤容器。她用这样赚来的一点点钱，在一座大楼的6层楼租了一间天花板紧贴楼顶的小屋子。她常常一连几个星期只吃干面包。冬天她得亲自把一筐筐的煤炭很吃力地搬上楼去生火，而她手头的钱还常常不够买

煤炭。遇到这种日子，她的小屋里就冷不可耐，连洗脸盆里的水也结上了冰。这位年轻的女大学生不得不在安歇的时候，把身上穿的衣服全都堆在被子上，马马虎虎地挡一挡寒气。

可是，这样艰苦的生活并没有影响玛丽的学习，她终于顺利地读完了大学。

大学毕业后不久，玛丽就同法国科学家、物理学教授皮埃尔·居里结了婚。该为自己第一项独立进行的科学工作选择题目了，她同丈夫商量以后，决定从事铀射线的研究。

对于一个刚开始做研究工作的人来说，这个题目当然不容易。

这里的一切都是陌生的。铀射线的性质是怎样的？它的强度是由哪些条件决定的？它是怎样在铀的化合物里产生的？产生这种光线需要能量，铀化合物里的这种能量是从哪儿来的？还有，是不是只有铀这一种东西能够发射这样的射线？

但玛丽勇敢地跨进了这座从来没人到过的迷宫。

第一步，她得想法迅速侦察铀射线的存在，并精确测量它的强度。利用照相底片的方法太麻烦了。玛丽当然可以比较射线留在底片上的痕迹，凭着黑色斑点的浓淡来判定射线什么时候比较强，什么时候比较弱，但这方法是不会很精确的。如果能用一种物理仪器来测量铀射线的强度，像用温度计测量温度，用安培表测量电流那样，就好得多了。

这样的仪器，玛丽的丈夫居里是会做的，很快他就给她做了一架。

居里做的仪器的主要部分是一只普通的平面电容器，也就是被一层空气隔开的两片金属。下面那一片金属，用电池组给充上电，上面那一片跟地接连。这种装置里的电路，平常是不通的，因为谁都知道，空气不是导电体。

可是下面那片金属上如果撒了铀盐，电流就会立刻冲过这个电容器的空气层，因为空气在铀射线的作用下会变成导电体。而且射线越强，空气的导电性就越好，随之电路中的电流也就越强。

的确，就是在射线最强的时候，电流也不会超过一安培的几十亿分之几。可是有了居里所造的特别仪器，这个数值虽小，还是可以随时测量出来的。

待检查的物质一撒到电容器下面的那片金属上，跟上面的金属片连接的电流计立刻就能指出它有没有发射铀射线，同时还可以十分精确地测出射线的强度来。

手头有了这样方便的仪器，玛丽立即着手寻找还有没有别的物质能够像铀化物那样自动发射不可见光线。

她从许多地方收集到了各种各样的化学物质。从一所实验室，她弄到了一切已知元素的化学上纯净的盐和氧化物；从另一所实验室，她收集了几种稀有的盐——稀少到比黄金昂贵得多的盐；矿物博物馆又送给了她许多种从世界各处收集来的矿物标本。

玛丽把这些物质一一放到电容器的金属片上，查看电流计上的读数。

她老是不走运：电容器下面的那片金属上虽然已经更换了百十种不同的物质，电流计的指针却始终没有变动位置。但玛丽顽强地继续做实验，最后，电流计上的信号终于来了——有一天这个指针到底离开了零位。

这时，撒在金属片上的是金属钍的化合物。

第一场胜利！原来不只铀能发射不可见光线，钍和钍的化合物也能发射。可是一切别的物质——铁、铅、锰、碳、磷的化合物呢？世界上一切不计其数的别的物质，它们能不能也发射这样的射线呢？不能，居里的电流计对这个问题的答案是完全否定的。

于是玛丽回到铀的化合物上来。

她测量了铀本身的射线的强度，又测量了铀的氧化物、铀盐、铀酸和种种含铀矿物的射线的强度。它们全都能够或强或弱地提高空气的导电能力。含铀多些的，提高空气导电性的能力也强些；含铀少些的，能力就弱些。例如一种物质，如果含有 50% 的铀，那么，它使空气导电的能力就只等于 100% 铀（纯铀）的一半；而含铀 25% 的物质，它的这种能力就等于 100% 铀的 1/4，余可类推。

铀的一切化合物——氧化物、盐、酸以及含铀矿物，都要严格服从这条法则。它们射线的强度全都比金属铀本身更弱。

有没有一种铀的化合物，它的射线的强度超过纯铀呢？当然没有！因为不可能有一种物质含铀量超过 100%。

可是，就有两种矿物——沥青铀矿和铜铀云母——被放到电容器下面的那片金属上时，表现得十分奇特：它们在电路里所引起的电流，比铀本身所引起的要强得多！那么，怎么会出现这样的现象呢？是不是因为这种矿物里还隐藏着另一种能够发出射线的元素？如果是的，它又是什么元素？要知道，除了铀和钍以外，好像再也没有元素能够发出射线了。而钍所发的射线在强度上又同铀所发出的相差很小。

为了进行检验，玛丽决定用人工方法来制造铜铀云母，也就是在实验室里用几种化合物来制造它。就成分看，她的人造矿物和天然的没有一点不同，其中的含铀量同天然铜铀云母的含铀量完全相等。可是当人造的成品被研成细末、撒到电容器下面那片金属上时，却查出它的射线强度大约只有天然矿物的18%。

这就是说，在天然的铜铀云母和沥青铀矿中，的确存在着一种活泼的杂质，它的力量比铀强，可能还高强不少倍呢。

事情发展到这一步，皮埃尔·居里认为有必要放弃自己的研究，以便积极参与妻子的研究。

钋和镭

居里夫妇在沥青铀矿里追寻某种难以捉摸的东西时，情形跟顽强的猎人在无边的森林里追踪珍奇的野兽是完全一样的。

他们俩凭着研究人员的嗅觉和居里仪器上的读数，一点一点摸索着前进。他们的工作和本生从杜尔汉矿泉水中搜索蓝色物质的工作大致是一样的，不同的只有：本生当年奉为指南的是光谱中的蓝谱线，而居里夫妇的指南针则是未知物质所发出的不可见射线。

居里夫妇决定向世界报告的这一天到底来了。他们报告说：不错，这种“东西”的确存在，它已经在我们的掌握中了。紧跟着，他们又给这“东西”取了名称，虽然他们当时所搜索到的全部东西，还只是未知物质的淡淡的影子，或远远的回声。

居里夫妇是一步步把这种未知物质从沥青铀矿所含的各种元素中析出来的。

可以举一个简单的例子来说明他们的工作方法。

假使你把一只装满了盐的口袋失手掉在细沙小路上，袋口一松开，盐和沙就混杂在一起了。怎样来分开它们呢？你可以把混合物全部倒进水里，加一加热。盐溶解后，沙子就剩下来。把溶液用薄纱过滤一下，再把它蒸发干，纯盐就完全脱离沙子而恢复原状。

当化学家必须从几种物质的化合物或几种化合物的混合物里提取唯一的一种物质的纯态时，要做的工作，也和上述的相仿。不同的只是路线比较曲折些，操作也比较复杂些。化学家要把这种化合物或混合物，时而溶解在酸里，时而溶解在碱里，时而溶解在水里，还要把析出的沉淀过滤出来，再溶解在酸里，又把溶液里的水分蒸发干。化学家就这样一步步地把其中的成分一种一种地除掉，使留在剩余物里的那种需要析出的物质变得越来越浓。末了，最后一种杂质也除掉了，这才得到百分之百的，也就是化学上要找的纯净物质。

居里夫妇想把那谜一般的物质从沥青铀矿里提出来，正是这样工作的。这工作做起来，的确有不可思议的困难，因为沥青铀矿中所含的这种物质非常之少，而它的性质又没有一个人知道。居里夫妇只知道一点，就是这种未知物质大概能够发射极强的射线。他们就凭着这条唯一的线索进行搜索。

居里夫妇把矿石溶解在酸里，再往溶液里通硫化氢，于是就有由各种金属的硫化物组成的深色沉淀沉到溶液底部。这种沉淀里，有矿物里原有的全部的铅，此外还有些铜、砷、铋。而留在透明溶液里的是铀、钍、钡和沥青铀矿所含的其他几种成分。可是那未知物质呢？它是跟沉淀了的几种元素混在一起了呢，还是跟留在溶液中的几种元素混在一起了呢？

居里夫妇把沉淀和溶液都放到电容器的金属片上进行实验，结果是沉淀所发的射线更强。可见活泼的物质是在沉淀里，必须到这里去寻找。

居里夫妇把所有别的杂质一一除去以后，剩下来的这一部分物质所发出的射线的强度是铀的 400 倍。这一部分里有很多的铋——这是化学家们很熟悉的一种金属，还有少到极点的一点未知物质。居里夫妇一时还不能使这物质完全离开铋，但他们深信自己总有一天能够做到这一点。

1898年7月，居里夫妇向法国科学院提交了一份工作报告，肯定地说明他们已经发现了一种新元素，它同铋相似，却有本领自发地射出一种非常强大的不可见射线。如果这一点得到证实的话——报告里写道——就请把这元素命名为钋，来纪念玛丽的祖国（因为钋的法文就是波兰的意思）。

5个月后，科学院又宣读了居里夫妇的一份新报告。

报告称，他们又在沥青铀矿中查出了一种未知元素，它所发的射线还要强些。从化学性质上看，这种新元素很像金属钡。他们已经得到的那份含新元素的物质所发的射线的强度，竟是纯金属铀的900倍。

这种能发出射线的新元素，居里夫妇命名为镭。镭的拉丁文有射线的意思。

稻草堆里寻找绣花针

这样，玛丽就同丈夫通力合作发现了两种新的化学元素。对于青年研究员来说，这真是个不坏的开端！

但是这时候她所获得的，事实上还不是纯净的元素，而只是作为杂质夹杂在铋和钡里的极少的一点新元素，还得设法提取出它们的纯态物质来。这件事做起来竟跟稻草里寻针一样的困难。

从钡里提取镭，到底比从铋里提取钋要容易一些。因此，居里夫妇决定提取镭。可是他们手头所存的沥青铀矿十分少，而要提取到多少看得出来的一点新元素，至少也得有一吨铀矿。这就需要钱，但居里夫妇就是缺钱，他们的研究费用全是由他俩自己筹集的，政府并没有在这方面给他们一点帮助。

沥青铀矿可以到当时奥地利统治下的优希姆斯塔尔去弄，因为那里的人只知道从矿石里提炼铀，剩下的残渣就全都抛弃了，可是全部的镭和钋恰恰应当留在这种残渣里。于是居里夫妇请求奥地利科学院的支援。而奥地利政府也真慷慨，居然同意把整吨的没人要的废弃物免费送给这两位法国的科学家。

现在原料是够用了，还得设法去找一所房屋，好处理收集来的原料。在居里教授任教的理化学院的校园里，恰好有间弃置不用的旧板屋。那所学院的院长也很慷慨，居然答应居里夫妇到这间板屋里去工作。

玛丽在这里整整工作了两年。当年本生请装备完善的大工厂用 6 个星期代为完成的那种工作，现在却由玛丽一人英勇地在这间板屋“实验所”里担当了起来。她没有机器，也没有大锅炉和器械，有的只是玻璃杯、曲颈甑、烧瓶和自己的一双手——此外什么也没有。

她在这漫长的两年中，溶解矿石，蒸干溶液，使晶体从溶液里沉淀，把上面的液体用虹吸管吸出来，滤出沉渣，加以溶解，再使晶体沉淀，同时还要一连几个钟点地拿着金属棒来搅拌那宝贵的液体。她顽强地劳动着，手里做着又脏又累的工作，口里一句怨言也没有，因为她心里是一团烈火——只有知道自己是在朝着伟大目标前进的人才有的那种烈火。

她在发现镭的前一年生下女儿伊绽，但她很少回家看女儿，家人常常得把伊绽带到实验室里来找她。玛丽的大半生都是在实验室里一些蒸馏水瓶子和一大堆一大堆的湿晶体旁度过的。

玛丽在简陋的实验室里

她从矿石里把那未知元素一小粒一小粒地提了出来。不久，居里夫妇所获得的物质，在放射性方面已经相当于铀的5000倍。而这种镭、钡混合物里的镭积得越多，制备物的放射性也就越强：它增至10000倍，100000倍……等到最后纯镭到手的时候，就查出它的放射性竟比铀的高出几百万倍。

可是，从整吨的铀矿中提出的镭，一共只有0.3克。

科学上的革命

镭射线就性质来说，大致也跟铀射线差不多，不同的只是射线的强度。可是强度加到百万倍时，整个画面也就完全改观。

如果有人用手柔和地摸摸你的头，你所感到的压力只是爱抚而已。可是这压力要是加强到 100 万倍，那它就足以把一个人压成肉饼。数量上的差别就有这样不同的结果！

镭制品的每一小块晶体都能发射整股整股的能量。

利用铀的射线来使照相底片上出现痕迹需要几小时，而镭射线只要你眨眨眼就能造出影像来。在它的撞击下，磷光屏会突然发出很亮的光——亮度不比 X 射线撞击出来的光弱。还有，连那些平常不能发射冷光的物质，镭射线也能强迫它们发光。

在那间板屋里，居里夫妇一到夜里，总能看见玻璃、纸张、衣服以及偶尔出现在那强大的放射线里的其他物质是怎样发光的。

含镭的晶体本身也能发射极强的光，强到可以供你看书；它们还能放热——每克镭每小时大约可以放出热量 140 卡。此外，它们对人体也能起作用。皮埃尔·居里曾用自己的身体来验明这一点：他曾把手放在不可见的镭射线中几小时，结果手上就出现了个溃疡，像被灼伤的一样。

当居里夫妇出席报告新元素的性质时，谁都不能立刻就相信他们。

他们的话怎能叫人相信呢？外面没有任何能量的来源，镭却能一分钟也不停地发出大量的光、热和一股股极其强大的不可见射线。这都是从哪儿来的呢？难道那在整个宇宙间到处起作用的能量不灭定律，到了巴黎理化学院的校园中这间矮小、

破旧的板屋里，就不起作用了吗？

这太不可信了，这同全人类百年来的经验是不相符的。

然而事实还是事实。真有那么极小的几块镭，在巴黎居里夫妇的实验室里，日日夜夜地大量发射着一股股的能量，一股股从无而生的能量。

从无而生！

这就动摇了科学的基础。很快，世界各国就有几十位最优秀的研究人员出来研究放射性物质。伦敦、纽约、柏林、圣彼得堡、蒙特利尔、维也纳都有人如醉如狂地研究这些物质，希望能打破这个自发地放出能量的闷葫芦。

所以不久就有了许多项新的惊人发现。

镭发射着 3 种不可见射线，人们采用了 3 个希腊字母 α、β、γ，分别称它们为阿尔法射线、贝塔射线和伽马射线。伽马射线同 X 射线很相似，是普通可见光线的同族，只是波长不一样。至于阿尔法和贝塔两种射线则是由带了电的物质性微粒组成的。

这样，镭就不光是自发地放出能量了。它在放出能量的同时，又在走向毁灭。它毁灭得的确极慢，慢到每 1 克镭必须经过大约 1600 年才会消失一半。但这并不能改变这样一种基本的事实：构成这种元素的物质正在毁灭，并且在毁灭的过程中放出能量。

不久又查出，镭不断毁灭，到最后就变成了铅和氦。可是氦是元素，铅也是元素。可见一种元素的确能变成另一种元素！百年以来，人们认为只有中世纪的一些浅陋的炼金术士才说得出的无稽之谈，现在居然变成颠扑不破的科学事实了。

许多科学家和受过教育的人都拒绝承认这一切，他们觉得如果承认这些新发现是正确的，那么过去积累下的一切知识都失去了价值。

历来被认为永恒的物质，竟会毁灭……自古以来被认为不变的元素竟会互相转化……人们认为不可再分、不可毁灭的原子，竟会分解成更小的成分：阿尔法、贝塔微粒……而这些物质性的微粒还带有电荷……

这就使一般人陷入慌乱中。

可是进步的科学家，绝不死抓住陈旧过时的观点不放，他们顽强地向前迈进。到今天，他们终于在那已被打倒的理论废墟上，创立了一门新科学，一种更有力的、能更圆满地阐明物质和能量的一切转化的、能更好地帮助人类改造自然的新科学。

尾声

居里夫妇在那伟大的元素发现者的行列里，乃是最后的两位。

的确，在钋和镭以后，研究人员还发现了几种稀有元素，和它们在周期表中的邻居相似。但这些新发现已经没有什么值得惊讶的了。

今天，周期表里，除了两三处空白以外，已经完全被填满了。现在我们知道世界上大约有 92 种元素[1]。模仿自然，有时还能超过自然的化学家们利用数目不多的这些元素，就能创造出以万计，甚至以百万计的形形色色的复合物质。

但是就今天的科学来说，元素已经不是物质分解的极限。自从居里夫妇的伟大发现以来，大家已经看出这项研究还可以前进一步，把元素本身也加以分解。

分解成什么呢？

分解成“原始的”物质——构成一切元素的原子的一些带有电荷的微粒。

你们还记得门捷列夫曾经论证一切元素里存在着亲缘关系吗？

[1] 今日世界上共有 118 种元素。——编者注

当时人们还不明白这种亲缘关系的原因。可是现在，这个原因找到了。一切元素——最轻的氢也好，很“懒”的氩也好，“烈性”的钠也好，“高贵”的金也好，有放射性的镭也好——无一例外，全是由同一的几种微粒所构成的。这些微粒名叫质子、中子和电子。质子和中子形成一切化学元素的原子核，电子则围绕着原子核旋转，形成几层带电的壳，把原子核包在里面。

我们今日的研究人员会从元素里“剜出”这种原始微粒来，甚至还会用它们来编成新的组合。这样就人为地把一种元素变成了另一种元素。例如物理学家已能用氮来制氢，用铝来制碳，用水银来制黄金。诚然，他们目前还不能大量制造人造元素。目前在元素的分解和转变中提到的分量，只不过是几十亿分之几克罢了。

可是要知道这只是事情的开头。打开自然王国的钥匙已经为我们所掌握。在不远的将来，我们很有可能，随便用一块泥土就能把任何一种元素或复合物质制造出来。

明日的科学成果，未来社会的科学成果，将要远远超过以往所得到的成果。

人类认识自然——认识物质和能量的潜力是不可限量的。

图书在版编目（CIP数据）

元素的故事 /（苏）依・尼查叶夫著；滕砥平译. —武汉：华中科技大学出版社，2023.4

（常读常新经典故事系列）

ISBN 978-7-5680-9109-1

Ⅰ.①元…　Ⅱ.①依…　②滕…　Ⅲ.①化学元素—普及读物　Ⅳ.①O611-49

中国国家版本馆CIP数据核字（2023）第046550号

元素的故事　　　　[苏]依・尼查叶夫　著

Yuansu de Gushi　　　　滕砥平　译

总 策 划：亢博剑

策划编辑：陈心玉

责任编辑：肖诗言

插　　画：莫梵索艺术工作室

封面设计：琥珀视觉

责任校对：刘　竣

责任监印：朱　玢

出版发行：华中科技大学出版社（中国・武汉）　电话：（027）81321913

武汉市东湖新技术开发区华工科技园　邮编：430223

录　　排：孙雅丽

印　　刷：湖北新华印务有限公司

开　　本：880mm × 1230mm　1/32

印　　张：6.375

字　　数：126千字

版　　次：2023 年 4 月第 1 版第 1 次印刷

定　　价：36.00元